低渗透裂缝性油藏多尺度模型构建及渗吸机理研究

刘　强◎著

清華大学出版社
北　京

内容简介

低渗透油藏在我国各大油田中分布广泛，地质储量巨大。常规开采方法长期注水后，油井含水率上升、水窜、水淹现象严重，最终导致大量残余油难以动用的工程问题。渗吸采油是低渗透裂缝性油藏提高采收率的重要技术手段之一。本研究以缝控基质单元为对象，跨尺度研究渗吸过程中油水运移机理及影响因素，使得研究更加符合工程实际，研究成果不仅丰富了渗吸理论、提高了低渗透裂缝性油藏渗吸采收率，而且为从事油气藏开发的研究人员提供了重要的理论支撑和参考价值。

本书采用实验研究、理论分析以及数值模拟相结合的方法，以分形理论、渗流力学、图像分析技术、计算机科学等多学科交叉为基础，围绕缝控基质单元渗吸过程中贾敏效应的影响、微观水相赋存状态以及分布演化规律、孔径分布、复杂混合润湿性对渗吸采油的影响、质量传输方程改进以及不同尺度下多参数对渗吸采油影响规律等问题，开展了缝控基质单元不同尺度模型重建、渗吸机理以及影响因素研究。

图书在版编目（CIP）数据

低渗透裂缝性油藏多尺度模型构建及渗吸机理研究 / 刘强著. -- 北京 ：清华大学出版社，2025. 6. -- ISBN 978-7-302-69351-2

Ⅰ. TE348

中国国家版本馆 CIP 数据核字第 20258TJ422 号

责任编辑：刘　杨
封面设计：傅瑞学
责任校对：欧　洋
责任印制：刘　菲

出版发行：清华大学出版社
　　网　　址：https://www.tup.com.cn，https://www.wqxuetang.com
　　地　　址：北京清华大学学研大厦 A 座　　**邮　　编**：100084
　　社 总 机：010-83470000　　**邮　　购**：010-62786544
　　投稿与读者服务：010-62776969，c-service@tup.tsinghua.edu.cn
　　质量反馈：010-62772015，zhiliang@tup.tsinghua.edu.cn
印 装 者：三河市春园印刷有限公司
经　　销：全国新华书店
开　　本：170mm×240mm　　**印　　张**：8.25　　**字　　数**：167 千字
版　　次：2025 年 6 月第 1 版　　**印　　次**：2025 年 6 月第1 次印刷
定　　价：68.00 元

产品编号：110959-01

前言

PREFACE

从跨尺度的角度出发，研究缝控基质单元(fracture-controlled matrix unit，FCMU)模型构建方法、渗吸机理与影响因素，不仅可以为直观描述和定量分析低渗透裂缝性油藏渗吸采油过程中孔隙结构及复杂润湿性对基质-裂缝渗流机理的影响提供新的理论支撑，对油藏的二次开发和提高最终采收率也具有重要的理论意义和参考价值。

本书主要研究工作及认识如下。

(1) 利用自发渗吸实验装置、微计算机断层扫描(computed tomography，CT)设备以及核磁共振(nuclear magnetic resonance，NMR)分析系统，开展了微观自发渗吸-微 CT 成像-NMR 综合实验，形成了微观自发渗吸可视化、定量化实验方法，为分析渗吸微观机理、理论模型验证以及数值模拟提供可靠的数据支撑。

(2) 以岩心三维重构图像为基础，可视化、定量化地研究了孔隙尺度下缝控基质单元微观渗吸机理。基于分形几何理论，考虑孔隙表面粗糙度以及束缚水对孔径的影响，改进了缝控基质单元质量传输模型。利用微 CT 图像获取相关参数，验证了修正后模型的正确性。

(3) 基于改进的缝控基质单元质量传输模型，考虑孔隙表面粗糙度以及束缚水膜厚度的影响，定量分析了不同表面分形维数 D_s、孔隙压力 Δp、孔隙分形维数 D_λ、裂缝中水力压力 p_h 以及毛细管迂曲度 τ 对渗吸累积产油量的影响。

(4) 结合激光雕刻技术与 3D 打印材料，提出了一种新的、低损伤的岩心重构方法，实现了缝控基质单元再现。基于 Python 语言编程技术，提出了不规则多边形不重叠随机填充的缝控基质单元基质系统表征方法，建立了缝控基质单元基质与孔隙模型，形成接近真实岩心的孔隙结构，最终建立二维缝控基质单元岩心尺度数值模型。基于相场理论，利用 COMSOL Multiphysics 软件开展不同油相黏度、不同润湿性、不同入口流速、不同孔隙分形维数和毛细管迂曲度下的油水两相渗吸数值模拟研究。

(5) 基于单裂缝缝控基质单元模型，采用吞吐采油方法，在宏观尺度上开展渗吸采油数值模拟研究，确定裂缝性油藏采油中后期渗吸采油是提高采收率的主要方式，裂缝中的水被毛管力吸收到基质中，油被替换，渗吸采油可以使采收率提高5%。在油藏尺度上，明确了渗吸采油对低渗透油藏开采的重要性。

本书主要依托国家自然科学基金青年科学基金项目“低渗油藏缝控基质单元缝网模型尺度升级方法及渗吸机理研究”（No. 52304029）、“十三五”国家科技重大专项“缝控基质单元模型构建与数值模拟技术研究”（No. 2017ZX05013006-002）开展研究。

刘强

2025年1月1日

目录

CONTENTS

第1章 绪论

1.1 低渗透裂缝性油藏开采面临的问题与对策

在我国乃至世界范围内，石油资源分布广泛，地质储量巨大。根据自然资源部2024年发布的《中国矿产资源报告》显示，我国石油地质资源量为1257亿吨，截至2023年年底，全国剩余探明技术可采储量38.51亿吨。但随着勘探开发持续进行，长期的常规注水开采方式使得相当大一部分低渗、特低渗裂缝性油藏进入中后期，仅仅通过单一注水开发提高采收率的效果越发不明显，石油可动用难度慢慢变大，超过20%的剩余石油资源分布在低渗储层。我国具有代表性的低渗透裂缝性油藏有华北裂缝性潜山油藏、四川缝洞型碳酸盐岩储层、新疆火烧山、小拐等砂、砾岩特低渗裂缝性储层等。已经进入高含水期的裂缝性油藏中仍然存在着大量的残余油，其在世界油气生产中，具有很重要的经济和战略价值。因此，如何进一步有效开发低渗透裂缝性油藏成为亟待解决的技术问题。

在低渗透储层中，由于存在着天然裂缝以及人工压裂产生的水力裂缝，形成的裂缝性油藏非常复杂，存在着两种极不相同的储渗系统：流体流动的裂缝系统和致密的含油基质系统。这两个系统构成了基质-裂缝体系（图1-1），这种特殊的储渗系统被称为缝控基质单元（fracture-controlled matrix unit，FCMU）。基质系统主要是由被裂缝切割的大小不等的岩块所构成，大部分原油赋存于基质岩块中，通常是油气的主要储集场所；裂缝系统则是由宽度较大的裂缝及与之相连通的孔洞构成的网络系统，相比基质岩块系统，具有高渗透特性的裂缝系统则是流体的主要渗流通道。与常规油藏相比，含缝控基质单元的低渗透裂缝性油藏开发

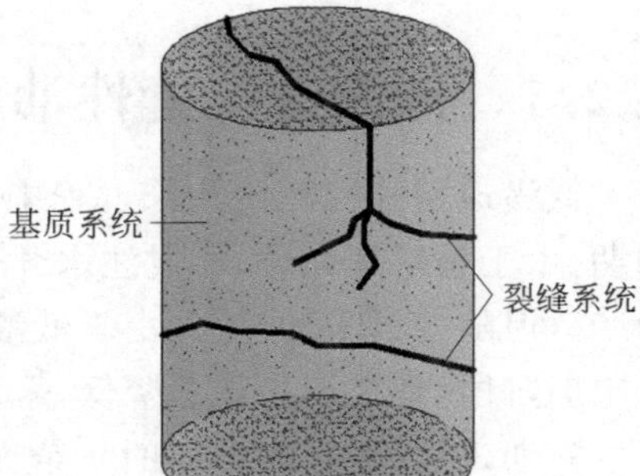

图1-1 缝控基质单元示意图

具有一定难度。此类油藏在经过传统的衰竭式开采过后,基质中残余大量原油;继续注水开发虽然可以降低部分残余油量,但由于裂缝渗透率与基质岩块渗透率存在较大的差异,注入的水首先沿裂缝推进,易发生水窜或暴性水淹现象,导致油井见水快、含水率上升快的问题,而基质中的原油则难以开采。因此,低渗透裂缝性油藏比常规油藏的开发难度更大、开采效果更差,在开采中后期,仍然有大量的剩余油富集在基质岩块中难以动用。

缝控基质单元特殊的裂缝-基质体系带来的渗吸作用成为此类油藏进行二次采油的突破口。渗吸采油机理主要表现为:在裂缝系统与基质岩块之间流动压力梯度的作用下,注入水首先进入裂缝,而后在毛管力和重力的综合作用下,裂缝中的水与基质接触,被吸入基质岩块内,将岩块内的原油驱替至裂缝中,注入水再将裂缝中的原油驱替至生产井。

现阶段对于缝控基质单元渗吸作用的研究多局限于宏观尺度,忽略了孔隙尺度下的微观渗吸机理研究,不同尺度下的研究更是少之又少。岩石基质复杂的孔隙结构与混合润湿性决定了渗吸过程中基质系统内部、基质系统与裂缝系统之间流体输运特征,是研究渗吸采油微观机理的基础;基质系统与裂缝系统组合形成的缝控基质单元,是研究渗吸采油影响因素的条件。近年来,基于不同尺度的缝控基质单元建模与微观机理研究,已成为该领域研究的一个新方向。从孔隙与岩心尺度出发,研究缝控基质单元模型构建方法、渗吸机理与影响因素,不仅可以为直观描述和定量分析低渗透裂缝性油藏渗吸采油过程中孔隙结构及复杂润湿性对基质-裂缝渗流机理影响提供新的理论支撑,对油藏的二次开发和提高最终采收率具有重要的理论意义和参考价值。

1.2 渗吸开采低渗透裂缝性油藏研究现状

1.2.1 低渗透裂缝性油藏开发研究现状

低渗透裂缝性油藏开采过程中,主要分为初期、中期、后期三个阶段。在开发初期,由于地层压力大,通过注水开采,保持油层压力,就可以达到较长时间的高产稳产。但随着开采的进行,由于低渗透裂缝性油藏固有的裂缝与基质渗透率差异,在中期阶段,地层压力逐渐降低,采油井含水率升高,开发效果变差。贾磊认为,在开发初期,压裂生产所形成的复杂人工水力压裂缝是导致中后期油井含水升高的主要原因。为了克服这样的问题,研究人员通过理论、常规、非常规等方法进行研究,取得了大量成果。

在理论研究方面,刘建军等采用大量的裂缝性低渗透砂岩进行实验、数值模拟等研究,分析了低渗透岩石渗流过程中的流-固耦合效应,建立了裂缝性低渗透油藏渗流场和岩土变形场等效连续介质模型。Wang 等提出了一种适用于低渗透天然裂缝性油藏的多分支水平井(multilateral horizontal wells,MLHWs)分析模型,该模型不仅可以考虑多个分支的不同组合,还可以考虑储层渗透率的应力敏感性效应,为油藏开发提供更准确的动态参数,以获得更高的采收率。He等提出了一种利用双孔模型推导天然裂缝性储层裂缝与基质之间的孔隙间流动函数(也称传递函数)和形状因子的新方法。该方法避免了在多种假设条件下推导孔隙间流动函数和形状因子的局限性,解释了基质中的非线性压力梯度。汪明志阐述了注水压力是导致裂缝形态变化的主要因素,过高的注水压力会导致隐性裂缝发生开启、扩展,最终引起水淹,因此合理设定注水压力对低渗透裂缝性油藏开采至关重要。曹洪等以大庆外围低渗透裂缝性油藏为例,基于油水两相前缘推进理论,推导了考虑裂缝及非达西流动的油水两相渗流方程,建立了不同渗透率和井网形式的渗流模板来预测剩余油情况,为进一步的剩余油开发提供依据。Liu等为了评价低渗透油藏直井体积压裂后的压裂效果和动态变化过程,建立了油水两相流动模型和井模型。在此基础上,建立了一种基于生产数据和压裂液回流数据的压裂效果评价方法。

在常规与非常规方法研究方面,王铭显等认为注水开发仍是低渗透裂缝性油藏主要采用的常规开采方法,通过流线数值模拟研究,分析了在保证不发生水窜情况下的开发主控影响因素。房雨佳等对不同含水阶段剩余油动用比例进行实验研究,结果表明裂缝岩心比无裂缝岩心见水早,裂缝和基质渗透率比值越大,无水采收率越小。陶珍、张慧先等结合数值模拟和油藏工程分析等方法,对水平井注采缝网及长度进行了优化,提出了最佳的裂缝穿透比和排距,达到了延长无水采油期,提高油藏采出程度的目的。曹孟京等通过水电模拟实验与数值模拟方法,计算了高含水期不同含水率下的流入动态曲线,为现场工作制度的调整提供了理论依据。郑文宽等为了研究低渗透裂缝性潜山稠油油藏的渗流机理和开发规律,建立了裂缝性油藏水驱和热水驱相似准则,并以渤海某油藏为原型,设计并建立与目标油藏相似的、1 m×1 m×0.5 m的大尺度物理模型,进行不同井网形式以及不同开发方式下的水驱油实验。但是以上利用常规水驱方法对低渗透裂缝性油藏剩余油进行开采多为延长油井的无水期,对提高最终油藏采收率效果不明显。近年来,在石油工业与化学技术紧密结合的基础上,刘焱采用室内实验的方法,通过人造裂缝来模拟低渗透裂缝性油藏,利用CO_2进行驱替,研究了不同裂缝参数、注气速度以及驱替压力对驱替效果的影响,并与水驱方式进行对比,证明了CO_2驱的可行性与优越性。除了常规的水驱以及更加先进的CO_2驱替方法,Zhang等认为泡沫驱技术可用于低渗透裂缝性油藏的三次采油。针对低温高盐度低渗透裂缝性储层,开发了一种二元复合低界面张力泡沫系统,评价了该泡沫体系的复合起泡能力、界面张力以及耐油性、耐盐性和耐温性,对泡沫驱技术的封堵能力和驱油效率进行了研究。但是,无论采用任何驱替方式,在衰竭式开采的后期,严重的水窜都会制约着剩余油的开发,大量残余油仍残存在基质内部。

随着对低渗透裂缝性油藏剩余油难以动用问题研究的不断深入,精细油藏描述以及压裂技术成为研究人员所关注的重点。结合开采过程中油田动态资料，精细地质研究和剩余油描述可以为低渗透裂缝性油藏地质精细刻画和剩余油动态分布提供指导，为油田高效开发提供参考。陈欢庆等总结了国内外精细油藏描述的研究成果，综述了低渗透油田精细油藏描述研究进展。李宁等针对常规的油藏数值模拟不能准确刻画低渗透裂缝性油藏开发过程中的油水分布关系的缺陷，提出了利用动态开发资料与生产测井资料进行模拟的新方法，研究结果表明，历史拟合准确率显著提高，得到的油水分布关系更加准确。王美楠等考虑二次梯度项和介质变形对渗流方程的影响，推导了低渗透双重变形介质油藏试井解释模型，对低渗透裂缝性油藏渗流特征进行了精细解释。Zhang 等以低渗透裂缝性油藏直井为研究对象，通过数值模拟方法，着重研究了储层基质的阈值压力梯度以及水力裂缝中支撑剂分布对油藏采收率的影响，提出了利用有效裂缝长度来评估裂缝有效性。但是，油藏精细描述以及压裂技术仅仅对裂缝性油藏地质情况、裂缝分布以及剩余油分布进行更加详细的刻画，为油藏中后期开采提供更加准确的指导，并不能解决裂缝中水窜的问题。

裂缝封堵技术为低渗透裂缝性油藏中后期开采提供了新思路。周游等提出了“改性淀粉凝胶＋乙二胺”两级封窜驱油技术，对高渗通道（裂缝）进行封堵，使得驱油过程中发生的气窜问题得到了有效改善，采出程度提高了 25％。Song 等利用人工砂岩岩心在储层压力、温度和地层水矿化度条件下进行了一系列 CO_2 驱油实验，研究了注入压力和岩石非均质性对 CO_2 驱替性能的影响，提出了包括“PLS 凝胶＋乙二胺”“淀粉凝胶＋乙二胺”以及“淀粉凝胶＋CO_2 泡沫”三种不同情况下的两阶段气体通道控制方法，结果表明“淀粉凝胶＋乙二胺”的组合达到了最佳效果。王凤刚等在此基础上继续开展研究，采用二维饼状岩心进行压裂注水实验，利用改性淀粉凝胶封堵裂缝、乙二胺封堵气窜通道后，分别进行水驱和 CO_2 驱，实现了两级封窜，最终采收率高达 59.6％，增油效果显著。

以上利用化学试剂进行裂缝高渗透通道封堵可以有效改善水窜和气窜问题，但并不能实现靶向封堵。因此，汤勇等利用示踪剂监测技术结合数值模拟分析，对 CO_2 驱替过程中流动通道进行识别与分类，进而对优势通道进行封堵，改善波及区域，提高驱油效率。Pu 等进一步利用化学示踪监测技术对地层参数和波及状况的动态变化情况进行监测，在优化多级化学示踪剂筛选原则和用量计算公式的基础上，提出了低渗透裂缝性油藏逐级调控示踪剂分类解释模型。刘家林等提出了体膨颗粒/有机铬凝胶复合体系，满足了辽河科尔沁油田深部调驱的需要，提高了该区块的注水效果。周亚琴认为导致水淹水窜的原因是天然裂缝与储层基质的渗透率差异过大、非达西渗流特征复杂、微相边界障碍、人工裂缝延伸方向不确定以及缝长设计不合理等因素共同造成的，提出采用大排量/暂堵缝网压裂、水平井网/多段压裂技术，结合基质润湿性反转、周期吞吐等非常规开采手段来实现有效开发。胡灵芝等研制了 0.2％WP4＋0.3％NS 强化泡沫体系配方，通过实验研究表明强化泡沫具有很好的高温高压稳定性和裂缝流体封堵性，可提高 16.7％～38.11％

的采收率。杨玉伟等提出了一种新的复合式段塞调驱技术，充分发挥了聚合物微球的调剖作用和表面活性剂的驱油作用，利用高、低渗岩心对聚合物微球 MQ-3 的膨胀性能、封堵性能、表面活性剂 GSR-1 的界面性能以及最终的驱油效果进行了评价。Li 等利用低渗透人工压裂岩心，进行了驱油调剖物理模拟实验。结果表明，功能聚合物驱油增产 23.63%，功能聚合物加气驱油增产 29.05%，高于单纯注水驱油，功能聚合物对低渗透裂缝性油藏具有明显的增产效果。但是裂缝封堵仅仅在短时间内解决了裂缝水窜和气窜，不能彻底解决低渗透裂缝性油藏后期开采的根本问题。

综上所述，对于低渗透裂缝性油藏的开采，专家学者从数学模型、常规实验、非常规实验等方面入手进行了大量的研究，主要目的是解决油藏开采后期含水率升高的问题，但仍存在一定的不足与缺陷：首先，常规方法对低渗透裂缝性油藏开发中后期采收率提高作用不明显，仅仅通过研究明确了含水率升高的机理与主控因素；其次，非常规方法，例如 CO_2 驱、泡沫驱等技术虽然优于水驱效果，但对于低渗透裂缝性油藏开采后期，不能从根本上解决水窜、气窜等问题；另外，裂缝封堵技术可以对高渗通道进行有效调剖，但是化学试剂对储层损伤严重，并且在地层压力下降较快时，基质中的残余油有效动用效率极低。然而，渗吸采油技术的出现可以大大提高难以动用残余油的采出程度。

1.2.2 渗吸采油研究现状

20 世纪中叶，国外很多学者在研究工作中发现，依靠毛管力作用，接触油层的水会自发地进入基质岩块，从而驱替出其中的原油，他们称这种现象为渗吸作用。渗吸作用被广泛认为是提高低渗透裂缝性油藏采收率的有效方法。国内外专家学者主要从实验、理论模型推导以及数值模拟等方面入手，对渗吸采油作用进行研究。

1. 渗吸实验研究

有关渗吸实验方面的论文十分丰富，专家学者从渗吸实验的设计、开展以及结果分析都进行了大量的研究。根据实验目的，可将国内外渗吸实验研究分为两类：静态渗吸实验和动态渗吸实验[图 1-2(a)]；根据实验边界条件不同造成的润湿相和非润湿相宏观上流动方向的差异也可将实验分为两类：同向渗吸实验和逆向渗吸实验[图 1-2(b)]。实验方法主要有体积法、质量法和以 X 射线计算机断层成像技术（X-ray computed tomography，X-CT）、核磁共振技术（nuclear magnetic resonance，NMR）为代表的先进图像可视化技术。

早在 1955 年，Birks 以一束垂直毛细管为研究对象，采用一个简单的相对渗透率模型描述了从岩心基质中驱替原油的机理。Bobek 等利用简单的体积容量器对岩心进行了渗吸测试。但是该研究的重点不是渗吸过程，而是评价储层岩石润湿

彩图 1-2

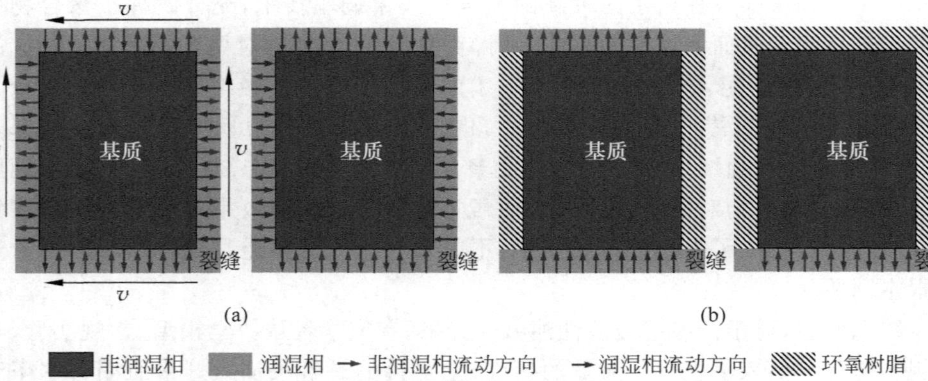

图 1-2　岩心渗吸方式示意图

(a) 动态渗吸与静态渗吸；(b) 同向渗吸与逆向渗吸

性。Graham 等设计了一种在方形岩块表面覆盖面板来制造平行裂缝的装置，通过实验观察到，基质岩块主要的产油机理是水渗吸。早期的实验仅仅是利用简单的设备来观察渗吸现象，但后来大多数与渗吸有关的实验都采用了类似的思路进行研究。

随着研究的不断深入，单一的实验研究已经满足不了专家学者的研究目的，通过对比实验，研究不同模型形状、不同岩石、不同驱替方式、不同实验方法以及不同影响因素条件下的渗吸规律被越来越多地关注。Handy 通过对砂岩、石灰岩进行简单的渗吸对比实验，研究了两种不同渗透率岩石下的压力、温度、吸附物质、渗透率对渗吸速度的影响，得到高渗透率岩石的渗吸速度高于低渗透率岩石的结果。1966 年，Parons 等采用质量法对柱状岩块模型和多岩块模型同时进行了渗吸实验，结果表明，可以将以达西定律为基础的宏观标准应用于毛细管的自然渗吸过程。Xiao 等研究了岩石矿物组成和孔隙结构对致密砂岩储层中自发渗吸的影响，研究发现，微孔作为主要的渗吸路径，而大孔则作为油排出的路径，微孔和大孔的比例越高，渗吸速率和采收率越好。Jia 的研究发现，孔隙喉道大小和分布对可动油饱和度有重要影响。Iraji 等在岩心尺度上研究了孔隙几何结构对渗吸的影响，突出了孔隙几何形状对流体流动和渗吸过程的关键作用。

国内的实验研究也取得了很大进展，谢坤等以头台油田扶余油层高温低渗油藏为研究对象，用一条单裂缝岩心开展了驱替速度、基质润湿性和基质岩心饱和度等因素对动态渗吸效果影响的实验研究。谭佳等利用研制的岩心渗吸评价装置评价了致密气藏岩样的渗吸特征，该装置能够有效克服由于吸入水自身质量而导致的实验误差，可以得到更为真实的渗吸特征曲线。李果等利用石英玻璃模拟了低渗透砂岩垂直与水平渗吸对采收率的影响，结果表明：当垂直渗吸时，半径越小渗吸速度越快，吸入量越大；而当水平渗吸时，半径越大渗吸速度越快。丁祖鹏等采用精细黏接造缝技术和有限真空饱和技术，实现了基质裂缝耦合过程中裂缝物性分布和基质裂缝渗吸耦合参数的定量控制，基于这些方法构建了三维物理模型，研究了基质裂缝渗吸耦合作用下的宏观渗流规律。钟家峻等发现以往的岩心自发渗吸实验采用常规的体积法和称重法，导致实验存在较大误差，为此研制出具有恒温箱和数据自动记录系统的渗吸实验仪器，仪器的计量精度达到0.0001 g，使得自发渗吸实验精度进一步提高。胡勇等开展了贯通水平裂缝条件下的水侵规律实验、储层基质渗吸实验以及储层基质渗吸后对储层供气机理的影响实验，明确了储层基质水侵与裂缝水侵的区别。濮御等利用自行研制的电子式高精度静态渗吸实验测量装置，进行了大量室内实验，研究了致密储层的渗吸规律及其影响因素。吴润桐等利用致密岩心渗吸实验装置，进行了致密砂岩岩心油水渗吸实验，研究了温度、压力和表面活性剂等因素对致密岩心油水渗吸效果的影响，分析了渗吸效率随时间变化曲线、渗吸曲线特征点及渗吸影响因素，得到了致密砂岩岩心渗吸规律及特征。汪伟英等对高渗透砂岩、低渗透砂岩、石灰岩进行渗吸实验，研究了原油组分、孔隙结构、束缚水饱和度和岩石性质对渗吸的影响。游利军等对致密砂岩气藏岩心开展了模拟原地条件(高温高压)下同向和逆向渗吸实验，结果表明渗吸主要受到初始含水饱和度、裂缝参数、岩石物性和孔隙结构等参数的影响。

在静态渗吸实验研究的基础上，王锐等进行了不同周期下的注水实验、无压降条件下的静态渗吸实验、不同压力及压降幅度下的动态渗吸实验，并将三者进行了对比，证明了周期间歇性注水实验过程中，压力波动幅度较小才能获得较高采收率。刘向君等通过大量的室内实验，研究了低渗透砂岩在不同压力条件(常温常压以及脉冲)下的渗吸规律及其影响因素。马小明等通过实验研究获得了基质岩块自发渗吸动态规律、脉冲渗吸动态规律以及天然岩心与人造岩心在不同流体性质、不同力学条件下的渗吸规律。张星等结合静态渗吸实验和动态渗吸实验，建立了裂缝和基质之间的动态渗吸模型。静态渗吸实验分析了岩心长度、岩心渗透率、压力、边界条件、温度和界面张力与渗吸速率、采收率之间的关系；动态渗吸实验研究了驱替速度与渗吸速率、采收率之间的关系。王家禄等开展了动态渗吸实验，研究了裂缝内驱替速度、油水黏度比、润湿性、初始含水饱和度等参数对动态渗吸效果的影响。沈巍等为研究低渗砂岩储层渗吸采油的影响因素，通过渗吸法分别对亲水和亲油岩心进行了渗吸实验，综合分析储层物性、孔隙结构、束缚水饱和度、润湿性等因素与渗吸之间的关系，最终进行渗吸采收率与水驱采收率的对比。郭宇等在岩心渗吸实验与脉冲注水实验分析的基础上，研究得出碳酸盐岩基质系统物性较差，在渗吸作用中驱油效率较低，相对自发渗吸作用，脉冲注水方法可提高驱油效率。韦青等研究了微观孔隙结构对渗吸的影响，对研究区储层性质和渗吸采收率的主要影响因素进行了分析。

在传统渗吸实验研究的基础上，人们对宏观渗吸机理及主要影响因素有了更深刻的理解。专家学者认识到润湿性是储层重要的物性参数，对渗吸作用起到至关重要的作用，随着石油工程领域与化学领域的多学科交叉研究，表面活性剂改变岩石表面润湿性的研究越来越受到关注。1958 年，Amott 测量了岩石润湿性与水/油体系驱替性能之间的函数关系，提出了 Amott-Harvey 润湿性指标法。孙仁远等采用自行设计的稠油蒸汽驱实验装置，利用 Amott-Harvey 润湿性指标法测定了蒸汽驱前后岩石润湿性的变化，并测量了岩心的渗吸采出程度。Jadhunandan 等研究了盐水和原油性质对渗吸的影响，认为极性组分会使岩心油湿的倾向性变强。Standnes 等通过实验研究得到表面活性剂与储层岩石接触过程中，既会降低界面张力，又会改变岩石表面的润湿性，采用黏附功降低因子来描述这一综合作用。Jabbari 等通过对不同温度下的岩石润湿性进行测试，证明温度也可以改变岩石的润湿性。Alaamri 等使用微 CT 技术进行孔隙尺度成像，观察表面活性剂对孔隙网络中油分布的影响，研究发现，虽然表面活性剂能有效降低 IFT，但在水湿系统中，表面活性剂的使用并未提高采收率，反而因降低了毛管力而削弱了自发渗吸机制。

在传统表面活性剂研究的基础上，Rego 等则通过改变岩石润湿性来探究其对自发渗吸过程的影响，实验结果表明，相比蒸馏水，低盐度流体能够显著影响水-油毛管力的变化，从而增强岩心的吸水能力，进而提高原油采收率。Bu 等研究了不同类型的表面活性剂对于渗吸采油效果的影响，并指出选择适合的表面活性剂类别对采油成功具有关键作用。Liang 等详细探讨了表面活性剂在致密油藏提高采收率中的应用现状，并提出了一种系统的表面活性剂筛选方法，进一步验证了表面活性剂在提高原油产量方面的有效性。Behera 和 Shalbafan 研究了纳米颗粒在改变岩石润湿性方面的应用效果，研究表明，随着纳米颗粒浓度的增加，砂岩岩心表面由中润湿向强润湿转变，采收效果变好。

国内对岩石润湿性的研究也取得了重要进展，李士奎等通过低渗透亲水岩心自发渗吸实验，探讨了不同界面张力体系的渗吸驱油过程。与注入水渗吸结果相比，由于化学试剂降低油水界面张力，使更多的剩余油变为可动油，因而提高了基质原油的采收率。李鹏等选取致密砂岩样品进行了渗吸实验，通过改变醇溶液类型、pH 及地层水矿化度值，研究这些因素对渗吸过程的影响。韩冬、彭昱强等研究水湿条件下盐水、非离子表面活性剂、阴离子表面活性剂和阳离子表面活性剂溶液等 4 种不同润湿液的自发渗吸规律及其对采收率的影响。曹立迎等为了明确碳酸盐岩油藏岩石的润湿性及其影响因素，定量测定了岩心充分老化后的润湿性和渗吸采出程度之间的关系，并通过相对渗透率法对储层岩石润湿性进行定性研究。孙琳等将表面活性剂溶液与注入水进行对比，在 90℃ 和 114℃ 条件下，考察亲水、亲油低渗岩心的渗吸现象和渗吸采收率变化，通过定义内聚功降低因子、变形阻力降低因子，结合扩散/弥散作用、Marangoni 效应对渗吸特征进行分析。于馥玮等通过核磁共振测试技术对比致密水湿岩心和中性岩心的自发渗吸特征，分析了加入不同浓度的表面活性剂对致密中性岩心渗吸的影响。李洪等利用 7 块不同渗透率的亲水人造岩心，通过渗吸实验、旋滴法和动态接触角法研究了表面活性剂对油水界面张力、表面润湿性、毛管力以及渗吸采收率的影响。沈安琪等为了明确表面活性剂改变岩石润湿性及降低界面张力的特性，研究了 3 种常用表面活性剂[重烷基苯石油磺酸盐(ZPS)、十二烷基苯磺酸盐(SDBS)和磺基甜菜碱(SB)]对致密岩心渗吸采收率的影响。苏煜彬等为了研究表面活性剂对长庆油田致密砂岩储层渗吸效果的影响，开展了天然岩心在地层水和表面活性剂中的自发渗吸实验，研究了不同润湿性岩心自发渗吸的特点，以及表面活性剂对中性润湿砂岩渗吸效果的影响。李帅等以致密油藏体积改造注入的压裂液为切入口，在压裂液中分别添加阳离子表面活性剂、阴离子表面活性剂以及非离子表面活性剂，开展了不同润湿状态下致密岩心渗吸实验研究。结果表明，阳离子表面活性剂改变润湿性的能力要好于非离子表面活性剂以及阴离子表面活性剂，可作为岩石润湿性改性的首选材料。

裂缝中的水与基质表面的接触条件(边界条件)也是渗吸实验研究所关注的重点。Iffly 等通过控制水和基质的不同接触方式，探索重力、毛管力、边界条件和渗吸的关系，发现渗吸过程主要分为同向渗吸和逆向渗吸。陈淦等结合国外学者研究经验，首先将渗吸实验整理归类，提出根据不同岩块形状、不同密封情况、不同浸泡情况以及渗吸过程中的不同的驱动力，分为 4 种实验类型。Pooladi-Darvish 等的研究表明，基质岩块部分被水覆盖，油的采收率以同向渗吸为主，而非逆向渗吸。研究还发现，同向渗吸特定采收时间比逆向渗吸要短得多。2011 年，Graue 等提出了一种更加直观的实验方法，利用核示踪成像来捕捉水相分布，研究边界条件对渗吸的影响。Mason 等对边界条件的形状进行了修正，他们假设在半球形腔中有一个活塞状的推进前缘，提出了自发外向球形渗吸理论。Meng 等进行了两端开口边界条件下的渗吸实验，结果表明，岩心各开口面产油不对称，而水的侵入是对称的。

然而由于传统实验只能对渗吸过程与机理进行定性或半定量的研究，很难实现三维可视化、定量化的分析。随着多学科交叉的发展，微观图像研究的新方法和新技术层出不穷，例如核磁共振、CT 等先进技术越来越多地被应用到岩心分析中，使得渗吸模型更加精细、逼真，方法和技术更加先进，并由定性、半定量向三维可视、定量化方向发展。

CT 技术应用到微观渗吸研究，使得可视化、定量化地分析微观渗吸机理、微观渗吸流体渗流特性、微观渗吸流体分布成为了可能。早在 2000 年，Akin 等利用 CT 技术进行渗吸实验，对硅藻土内部的毛管力、相对渗透率和流体流动特性进行了系统的研究，可以清楚地观察到渗吸前缘的油水两相的分布形态[图 1-3(a)]。German 等通过对立方体单裂缝岩心进行 CT 图像扫描，对油水饱和度分布进行定量成像[图 1-3(b)]，研究了裂缝中水的传播速率对渗吸过程以及裂缝和基质传输速率的影响。Karpyn 等利用带有单条垂直裂缝的砂岩进行渗吸实验，并利用 CT 进行横截面扫描来获取裂缝图像[图 1-3(c)]，分析在渗吸过程中，不同时刻油水两相的分布状态。Mirzaei 等借助 CT 二维图像[图 1-3(d)]，分别向带有裂缝的油湿岩心中注入水和表面活性剂来研究表面活性剂对渗吸效果的影响。华方奇等利用 CT 技术，使用自行设计的扫描渗吸装置，监测实验过程中岩心不同位置的含水饱和度，研究了岩心长度对低渗透砂岩岩心逆向渗吸规律的影响，以及渗吸过程中不同阶段含水饱和度的变化过程。

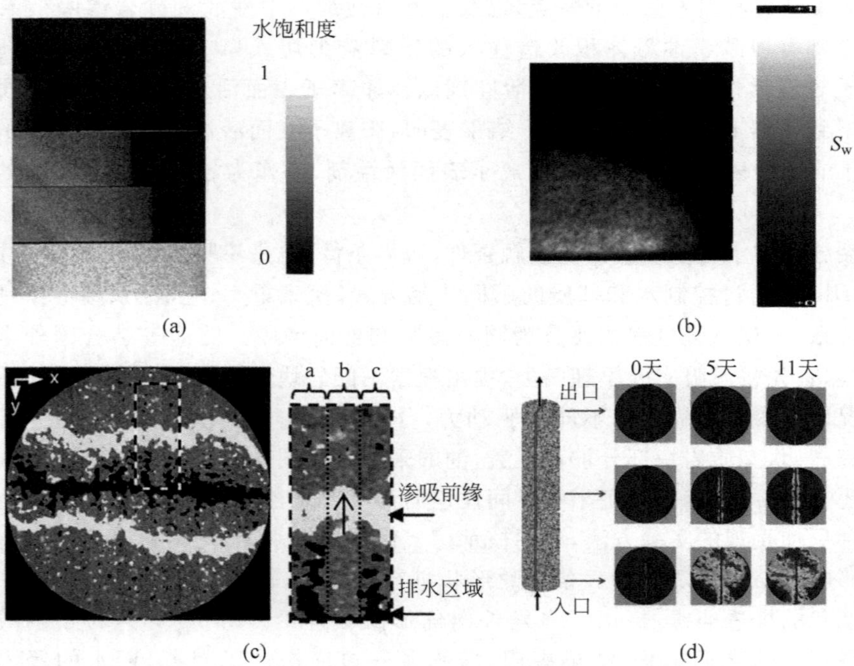

彩图 1-3

图 1-3　二维毫米级油水分布 CT 图像

(a) 硅藻土 CT 图像；(b) 油水饱和度分布图像；(c) 裂缝扫描图像；(d) 油湿岩心扫描图像

上述研究利用的扫描设备一般为医用 CT，分辨率相对较低(毫米级)，并且仅仅在二维图像上观察流体分布，来定性地分析渗吸采油过程。随着工业级 CT 设备逐渐普及，岩心 CT 精度由毫米级向微米级甚至纳米级转变。Berg 等通过微 CT 渗吸实验来获得油水两相自发渗吸的图像，经过重构[见图 1-4(a)]，对比流动数值模拟，来研究相对渗透率对渗吸过程的影响。由于利用玻璃珠填充来表征岩心基质与孔隙结构不能反映真实岩心的复杂性，因此 Garing 等改进了 Setiawan 等的研究，对比分析烧结玻璃珠、Boise 砂岩和 Fontainebleau 砂岩在重力驱动作用下的渗吸行为，通过微 CT，计算界面曲率[见图 1-4(b)]，估算毛管力，研究了图像分辨率对流体相识别和曲率估计的影响。Dutta 等采用微 CT 技术，对岩心内部渗吸前缘变化和移动距离、毛管力与重力主导关系的相互转化、非均质性对渗吸的影响等问题进行了更加直观的描述，研究了由于岩心非均质性、扩散作用以及高速通道对渗吸前缘变化的影响规律。另外，Shabaninejad 等进一步改进了 Mirzaeid 等的实验，通过微 CT 图像进行岩心三维重构，研究了润湿性改变对渗吸效果的影响机理。

Akbarabadi 等利用一种新的、集成了一个定制的原位微型流体注入模块和一个非破坏性高分辨率 X 射线成像系统的实验装置对岩心进行超高分辨率三维图像扫描，然后用盐水、油和表面活性剂溶液对每个岩心样品进行了一系列渗吸实验来研究储层单个孔隙中的流体分布和孔隙尺度上的润湿性，并将孔隙分为水湿型、油湿型和微湿型三种类型[见图 1-4(c)]。

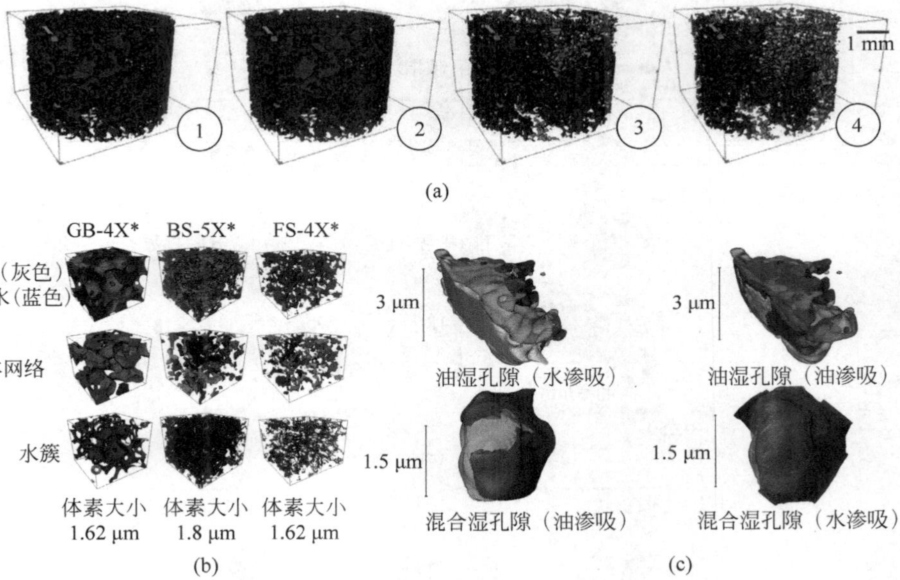

彩图 1-4

图 1-4 渗吸微 CT 三维重构图像

(a) 渗吸后非湿润性相(油)三维分布；

(b) 孔隙内曲率计算；(c) 不同润湿类型孔隙的油水分布

注：(a)中红色代表连通的油相，黄色代表未连通的油相；

(c)中黄色代表气体，红色代表油，蓝色代表盐水，绿色代表有机物。

在基于微 CT 图像的渗吸研究中，接触角和表面曲率计算是否准确直接影响毛管力估算的正确性，对分析渗吸过程和机理至关重要。2016 年，Khishvand 等提出了一种测量不同相间原位接触角的方法。AlRatrout 等改进了水驱后接触角、油/盐水界面曲率的计算方法，基于微 CT 图像，提出了一种自动计算接触角的新算法[见图 1-5(a)]，并应用在渗吸研究中。李帅等建立基于微 CT 的孔隙尺度模型，通过致密岩心采收率拟合，获得驱替、渗吸的相对渗透率和毛管力，进而在油藏尺度将这些参数分别赋予基质和裂缝，模拟矿场实际油水流动。Gu 等结合核磁共振与微 CT 技术，利用直径 2.5 cm，长度 2.5～5.01 cm 的岩心进行渗吸实验，探讨了基质渗透率对致密砂岩渗吸采收率影响的微观机理。2019 年，Gu 等进一步采用渗吸实验与微 CT 相结合的方法，可视化和定量化地研究了低渗透砂岩在自发渗吸前后剩余油的微观赋存变化，引入形状因子和相对体积因子，将剩余油微观赋存分为网络状、簇状和孤立状三种类型，并结合油相微观赋存变化规律对剩余

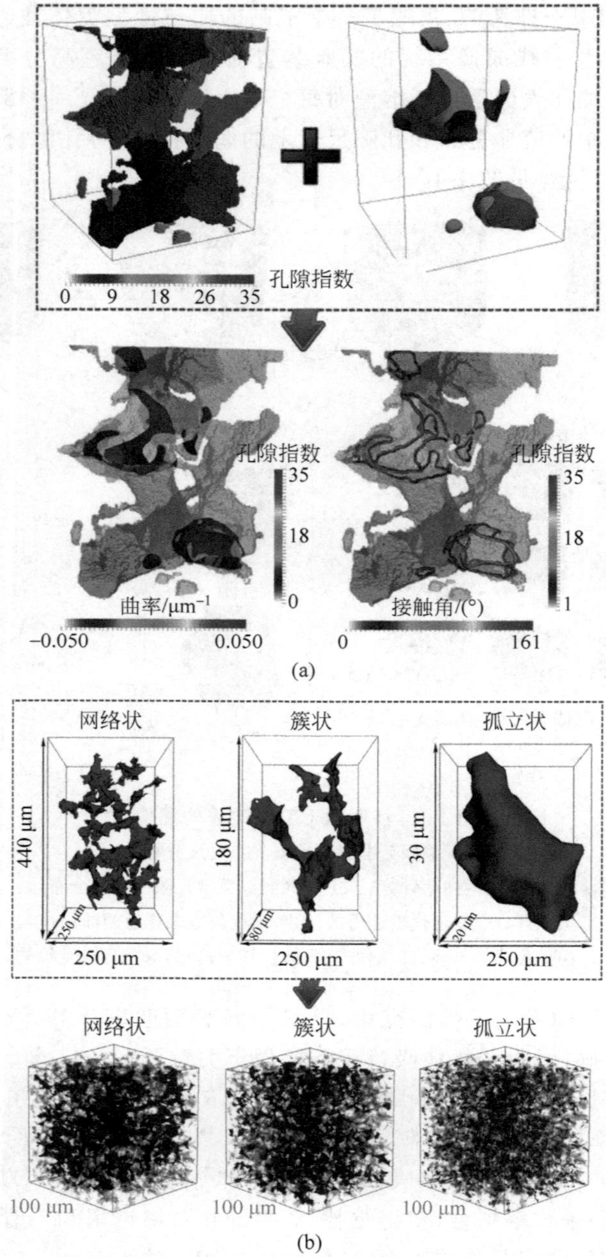

彩图 1-5

图 1-5 孔隙尺度下渗吸接触角计算过程与油相分布图

(a) 表面曲率和接触角自动测量；(b) 渗吸后微观油相赋存

油的赋存进行分析[见图 1-5(b)]。Chakraborty 等通过微 CT 成像技术进行渗吸实验研究，发现岩石初始渗透率是决定渗吸过程中气体有效渗透率时间演化的关键因素。Sun 等研究了乙醇和水的混合物自发渗吸进入空气填充的透明硅胶微型玻璃体的过程，通过对图像的二值化处理，获得渗吸动力学和相位分布的时间演化，建立了具有物理微观模型结构参数的孔隙网络模型，通过进一步的孔隙网络模拟研究了空间相关结构特征对渗吸动力学的影响。王敉邦等提出结合微CT、分子模拟等现代科学技术，形成了渗吸研究一体化研究方法。该一体化方法从定性和定量两个方面研究了渗吸理论和渗吸规律。Baldwin等利用磁共振成像(magnetic resonance imaging,MRI)技术研究了渗吸过程中水相原位饱和度变化，通过图像监测，观测了渗吸前缘的运动和饱和度的变化，得到了初始水饱和度的函数，研究了初始水饱和度对渗吸的影响。朱维耀等结合常规室内渗吸实验和核磁共振技术，研究了岩样大小、岩石特性、流体特性、润湿性、初始含油饱和度以及边界条件等因素对低渗透裂缝性砂岩油藏渗吸采油效果的影响程度。郭钢等通过核磁实验得出渗吸采油不同于驱替作用，探索影响压裂液油水置换的关键因素，得出了最佳渗吸采出率对应的最大渗吸速度参数。

2. 渗吸数学模型研究

数学模型以准确性、定量化等优点广泛地应用在各个科学领域，尤其在多孔介质渗吸这种复杂的过程中，更是如此。国内外关于渗吸数学模型的文献也非常丰富，从模型推导、拟合验证到数值模拟都进行了大量的研究，最终求解渗吸速度、采收率、贡献率等结果，为渗吸开采提供了理论基础。

迄今为止，基于多孔介质渗流理论和油水两相渗流理论，已经开发了许多渗吸模型。早在1921年，Lucas和Washburn提出了渗吸高度和渗吸质量与渗吸时间之间服从$t^{1/2}$的关系[见式(1-1)]，该方程被称为L-W模型，广泛应用于渗吸动力学中。之后，Aronofsky等提出用$p_c K_w S_w$表示渗吸潜力，渗吸潜力值越大，渗吸速度越快，式(1-2)被称为Aronofsky渗吸经验模型。

$$L_S(t)=\sqrt{\frac{\lambda\sigma\cos\theta}{4\mu}}t^{1/2} \tag{1-1}$$

$$p_c K_w S_w=\frac{\lambda^2\mu_w}{2\phi A_c^2} \tag{1-2}$$

式中，L_S为渗吸高度，m；t为渗吸时间，s；p_c为毛管力，MPa；K_w为渗透率，mD($1\text{mD}\approx 9.869\times10^{-16}\text{m}^2$)；$S_w$为水相饱和度，%；$\lambda$为孔隙直径，μm；$\sigma$为表面张力，N/m；$\theta$为接触角，(°)；$\mu$为流体黏度，mPa·s；$\mu_w$为水相黏度，mPa·s；$\phi$为孔隙度，以百分数表示；$A$为横截面面积，$\text{m}^2$。

Dullien、Hammecker、Leventis等基于L-W模型，考虑了孔隙不同几何形状的影响，对模型进行了改进。Benavente等基于岩石微观结构特征，修正了L-W定律，提出渗吸网络模型，并应用有效介质近似法(effective medium approximation, EMA)来计算有效半径。Cai等基于L-W模型，提出了一种预测多孔介质中渗吸时间指数的模型，该模型能较好地反映孔隙度随时间变化的总体趋势。Kazemi等指出虽然 Aronofsky 经验模型预测的采出程度随时间变化的关系曲线与油藏实际采出程度随生产时间变化的动态曲线具有一致性，但不能正确反映出流体的流动状态。

另外，研究人员将无量纲时间与影响因素相联系的尺度理论应用于渗吸模型中。1962 年，Mattax 等认为渗吸仅仅是受毛管力的驱动，忽略了重力的作用，提出用无量纲时间来量化渗吸速率(M-K 模型)：

$$t_D = t\sqrt{\frac{K}{\phi}} \times \frac{\sigma}{\mu_w L^2} \tag{1-3}$$

式中，t_D 为无因次时间，s；K 为气测渗透率，mD；L 为实验室内岩心的特征长度，m。

后来，M-K 模型得到了广泛的应用，但是该模型考虑毛管力、岩石孔隙度、渗透率、特征尺寸和水相黏度等因素的影响，忽略重力等因素的影响。

驱动力贡献度模型涉及渗吸的发生条件和渗吸过程的主要类型。Prey 和 Schechter 等研究了重力和毛管力之间的平衡关系，提出利用 N_B^{-1} 来表征毛管力和重力在渗吸过程中贡献程度的大小。当 N_B^{-1} 很大时，毛管力起主导作用，反之为重力起主导作用。

$$N_B^{-1} = C\frac{\sigma}{\Delta\rho g H}\sqrt{\frac{\phi}{K}} \tag{1-4}$$

式中，C 为与多孔介质几何形状有关的常数，无因次；$\Delta\rho$ 为油水密度差，kg/m^3；g 为重力加速度，m/s^2；H 为储层厚度，m。

Austad 等为了反映流体在多孔介质中的渗流能力，用有效渗透率修正 N_B^{-1}。但是，以上对 N_B^{-1} 的研究均没有反映润湿性对渗吸机理的影响。Babadagli 等的研究表明，最终采收率随着 N_B^{-1} 增加而降低，同向与逆向渗吸机理依赖于边界条件和重力与毛管力的比值。Abbasi 等考虑重力效应的影响，提出了一种改进的重力效应形状因子，与毛管力相比，新形状因子能有效地发挥作用。在前人研究的基础上，Cai 等基于达西定律，提出了一种预测多孔介质有效渗透率的简单方法，揭示了渗吸高度和质量随时间的关系。Tavassoli 等分析了单一岩心端面润湿相流体与非润湿相流体间的逆向渗吸过程，得到了一个表达渗吸驱油效率与渗吸时间关系的拟解析解。Xu 等通过引入径向积边界元方法，提出了简单高效且适用于双重介质的渗吸速度计算模型。Mirzaei-Paiaman 等在 Schmid 等提出的一维同向渗吸解析解的基础上，建立了一组可伸缩的方程，并对其进行了简化。为了适应一维同向渗吸过程的多维度效应，提出了一个形状因子，并将其合并到一维方程中，使其适用于任何基质尺寸大小、形状和边界条件的渗吸研究。2013 年，Schmid 等给出了适用于任意润湿状态、黏度比、岩石类型、初始含水量和边界条件的广义方程组。Foley 等研究了毛细管背压对自发逆向渗吸的影响，给出了一维不可压缩水平位移方程的解析解。Wang 等考虑了束缚水和残余油对毛细管半径的影响，并将它们耦合到渗吸模型中，对孔隙结构和流体性质中的关键参数进行了定量分析和识别。

Zhong 等建立了页岩基质强制渗吸分析模型，对压裂液的渗吸深度和页岩储层的损伤程度进行了评价。

近年来，分形理论在渗吸数学模型推导中得到了广泛应用。Cai 等从分形理论和平面单裂缝出发，提出了水平渗吸的解析模型。进一步地，Cai 等推导了渗吸质量预测模型，但该模型只适用于短时间内的渗吸初始阶段。在此基础上，Cai 等继续完善模型，通过考察孔隙大小和形状、渗吸流线弯曲度和初始润湿相饱和度的影响，建立了更为通用的渗吸模型，分析了渗吸累计质量、渗吸采收率与润湿相性质之间的关系。另外，Cai 等认为岩石基质孔隙结构具有分形特征，改进了裂缝性油藏双重介质模型渗吸机理的判据，推导了渗吸机理的分形判据数学模型，在此基础上推导了结构常数的解析表达式。蔡建超等继续基于分形理论建立了平均实际流速与平均直线流速的关系，推导了考虑原始水饱和度的低渗透裂缝性油藏渗吸系数分形模型。该系数可以准确表征介质的渗吸能力，与孔隙分形维数、孔隙度、水饱和度等参数有关。Patel 等描述了非均质多孔介质中逆向渗吸现象的数学模型，给出并求解了非线性偏微分方程，研究了岩石非均质性对渗吸采油的影响。Wang 等考虑有效孔隙度等重要参数，建立了基于分形理论的多尺度气体输运模型和 Frenkel-Halsey-Hill 吸附模型，研究了裂缝性页岩气藏的采收率。Shen 等提出了一种计算分形诱导裂缝弯曲度指数的新方法，建立了分形诱导裂缝的孔隙度、渗透率和压缩性模型，分析了裂缝孔径对渗透率的影响。Andersen 提出了裂缝性多孔介质多相流的裂缝-基质模型，分析了区域非均质性和流体黏度对油藏产量的影响。

在国内渗吸数值模型研究中，张红玲等对裂缝性油藏建立了以毛细管渗吸为主要采油机理的数学模型，并对裂缝性油藏采出程度的敏感参数进行研究。殷代印等建立了裂缝性砂岩油藏周期注水数学模型，分别给出了数值解和解析解。计秉玉等研究了油层中含水饱和度、渗透率和接触角对渗吸作用的影响，推导出毛管力作用下基质和裂缝间油水交换的偏微分方程，并通过有限差分方法求解。殷代印等建立了双孔双渗渗吸采油数学模型，并给出了数值解法和流动系数的取值方法，在此基础上，定量分析了渗吸法采油的主要影响因素。杨正明等利用改进的三重指数函数模型，预测了注水吞吐井的产量变化，为注水吞吐井的动态分析提供了理论基础。孟庆帮等以静态和动态渗吸两种方式研究了毛管力、孔隙均匀程度、基质和裂缝渗透率、原油黏度和基质含油饱和度对渗吸速度的影响。杨元明等针对求解裂缝性油藏基质-裂缝渗吸质量时需提供每个基质网格块的形状因子而带来的应用难题，引入窜流指数概念，用以描述单位渗吸压差下基质-裂缝渗吸量，建立了窜流指数与产量、压力的关系式。陈元千等通过研究发现，Aronofsky 的累计渗吸驱油量经验模型缺少理论支撑，因此采用油藏工程方法进行了理论上的推导，使得 Aronofsky 的累计渗吸驱油量经验模型具有了理论意义。徐中一等考虑致密储层的边界层特征，建立了渗透率、相渗曲线流动参数的解析表达式。刘化普等结合分形理论建立了分形迂曲二叉树毛细管 N_B^{-1} 计算公式，应用结果表明，管径分形维数越小，迂曲分形维数越小，二叉树分叉系数越小，二叉树分级越多，润湿角越小，越易发生逆向渗吸，并且渗吸效果越明显。李帅等针对一般渗吸模型的局限性，推导了一维两相同向渗吸模型的通式，在相对渗透率曲线和毛管力曲线简化的基础上进行无因次化处理，并采用差分法进行了求解，获得了饱和度前缘移动曲线。吴润桐等提出层渗吸理论，即渗吸是从岩心表层开始逐层向岩心内部进行的，在此基础上修正了质量法计算渗吸效率的公式。吴忠宝等通过建立体积改造油藏注水吞吐三个阶段的模型，研究渗吸产油和不稳定驱替双重开发机理，并推导相应的产能公式，研究了注水吞吐的主控因素。

3. 裂缝-基质岩心重构

缝控基质单元岩心作为渗吸实验的基础，其重构方法对渗吸研究至关重要。迄今为止，研究人员已经提出不同的常规方法和技术来重构带有裂缝的岩心。这些方法可以大致分为四类：①平行板方法，②劈分重构法，③化学溶剂溶解法，④3D打印技术法。1958年，Graham等采用两块平行板结合4个调节螺钉的方法构建了裂缝系统，利用螺钉调节裂缝的开度，实现了不同裂缝下的不同渗透率设置。后来，Mattax等利用金属片将劈分的岩心横截面分隔，岩心之间的空间代表了构建的裂缝。上述方法已广泛应用于岩心裂缝重构，但这些传统方法在裂缝形状和地下储层真实性再现方面存在一些局限性。一方面，平行板法虽然可以调节裂缝开度，但是裂缝不存在于基质内部。另一方面，对于劈分重构方法，形成的裂缝是单个的，并且形状不可控制。

为了克服这些限制，通过利用石英砂和环氧树脂材料，结合化学溶剂溶解法制备人工合成多孔砂岩，已经广泛应用于裂缝性岩心重构的研究上。之后，Tillotson和Kelvin等改进了此方法，他们在高温条件下用沙子、高岭石和硅酸钠的混合物代替树脂来重构岩心。2017年，Santos等提出了一种新的岩心重构方法，将基质混合物(干净的沙子和黏结剂颗粒)和裂缝支撑材料(聚苯乙烯)分层交替铺入模具中，并在一定的压力下对模具中的材料进行压实，将压实的岩心模型浸入化学稀释剂中，溶解聚苯乙烯材料，溶蚀后所形成的方形或硬币形状的空隙则可以实现裂缝的表征。然而，这些方法也存在一些缺点。首先，基质材料由砂、高岭石、硅酸钠或水泥制成，不仅改变了基质表面的物理性质，而且与真实岩石的组成成分不匹配。其次，化学溶剂(如酸)与基质中的物质发生化学反应，对岩心造成严重损伤。然而，随着数字岩心的发展，激光雕刻和3D打印技术被广泛应用于岩心重构。其优点在于可以重构岩心内部的孔隙结构以及裂缝网络，从而更准确地反映实际岩心的内部结构。同时，裂缝支撑剂溶解速度快，对岩心友好；缺点在于激光刻蚀和3D打印重构的基质材料必须使用专用的打印材料，失去了岩心基质的真实性。

4. 渗吸数值模拟研究

近年来，计算机的兴起为渗吸采油的研究提供了模拟平台，通过软件进行渗吸采油数值模拟被广泛应用。Hassan 等通过数值模拟方法，克服了理论方法依据薄弱，以及数值方法假设条件过于苛刻，不适用于实际渗吸模拟的缺点，使渗吸数值研究走向了一个新的高度。冯其红等基于不同直径的圆球颗粒分布，建立理想状态下疏松砂岩油藏孔隙结构模型，结合相场方法、有限元方法进行数值模拟研究，分析了驱替速度、润湿性等因素对剩余油分布以及采出程度的影响。Wang 等实现了考虑毛管力和重力的静态和动态渗吸数值模拟[见图 1-6(a)]，并利用该模型研究了原油黏度、基质渗透率、岩心尺寸、表面张力和驱替速率对渗吸的影响。Zheng 等为了提高渗吸模拟过程的准确性和稳定性，提出了一种改进的两相伪势点阵玻耳兹曼法，来研究不规则孔隙通道弯曲度、形状对分岔通道渗吸行为和竞争界面推进行为的影响。Shen 等将基质复杂的孔隙空间简化为空间自相似的分支结构[图 1-6(b)]，该分支结构由几个不对称的子喉组成，在此模型的基础上采用新建立的数学模型计算渗吸过程，讨论了孔隙结构和流体特性(收缩角、黏度、表面张力)对渗吸的影响。陈阳等以大庆外围扶余储层为研究对象，在仿真模型上开展缝网压裂，研究裂缝主裂缝长度和分支缝条数对渗吸采油效果的影响，结果表明随主裂缝长度和分支缝数量的增加，渗吸面积增加，油水交渗作用增强。王希刚等采用 Eclipse 双重介质模块来模拟裂缝与基质的流体交换过程，模拟结果表明裂缝发育程度、黏度比、基质毛管力大小、初始含水饱和度是影响渗吸的关键因素。基于相容性方程算法与边界积分理论，Bagherinezhad 等开发了一种新的二维绿色单元法，通过有限元方法模拟逆向渗吸过程。Al-Huthali 等对天然裂缝性储层中的逆向渗吸进行了流线模拟，流线型方法在历史拟合方面与数值色散法拟合效果表现出很好的一致性。在 Behbahani 等进行精细网格、一维和二维逆向渗吸模拟的基础上，Patel 等研究了裂缝多孔介质中的逆向渗吸现象，应用 Adomian 分解方法，分析了考虑重力和倾斜效应影响下的无量纲时间油藏采收率。张占女等以 JZS 油田裂缝性潜山油藏为原型，建立单裂缝模型进行数值模拟，绘制了基质驱油效率图版。

综上所述，现阶段的岩石多孔介质渗吸研究多为宏观尺度下的，通过自发渗吸实验来定性分析渗吸过程，或者利用 CT 以及三维重构技术研究渗吸过程中油水分布特征；考虑孔隙内部结构、适用于多孔介质渗吸的数学模型并不完善，缝控基质单元岩心重构以及数值模型构建也存在一定的问题。虽然国内外专家学者在渗吸研究上做了大量的研究，也取得了丰硕的成果，但是仍存在着以下不足亟须解决。

(1) 首先，在孔隙尺度研究方面，将微观渗吸实验、微 CT 实验以及核磁共振实

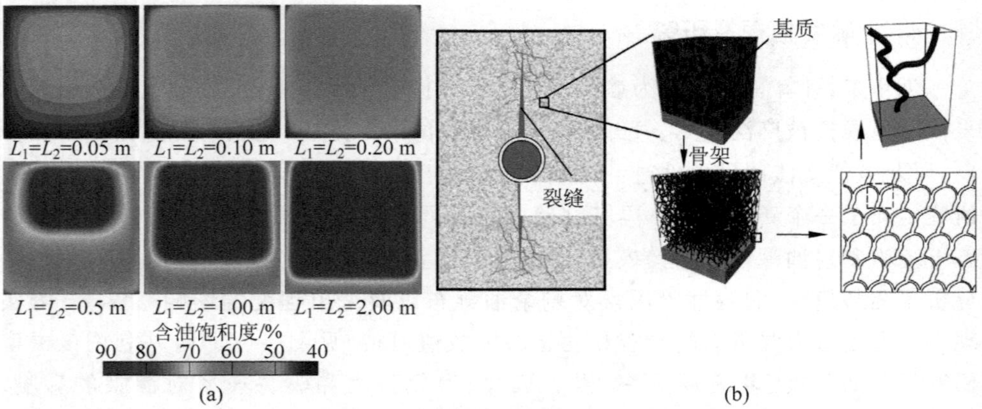

彩图 1-6

图 1-6 不同数值模拟方法模拟结果示意图

(a) 二维渗吸数值模拟；(b) 三维渗吸数值模拟

验等先进实验技术统一联系起来进行综合研究很少见；在渗吸微观机理研究方面，仅仅对渗吸前后剩余油块数量进行统计来定量分析剩余油微观赋存，而对孔隙的复杂润湿性、孔喉特征只局限于定性认识。

(2) 其次，在数学模型方面，多以多孔介质为基础研究裂缝与基质之间的流体流动关系，而孔隙尺度下基质内部更为复杂。考虑孔隙内壁复杂结构下的基质渗吸质量传输模型需要进行改进。

(3) 再次，在岩心尺度下，物理模型的重构很难实现缝控基质单元的再现，很多方法重构后的裂缝性岩心对基质系统损伤严重，很难还原真实裂缝性岩心；数值模型多采用圆球等规则图形填充来表征基质与孔隙结构，不能反映真实复杂的孔隙网络结构。

(4) 最后，渗吸研究仅在孔隙尺度下或者岩心尺度下进行，并没有将微观尺度与岩心尺度相结合，在不同尺度下对渗吸机理、影响因素以及油藏渗吸开发效果方面没有进行综合研究。

因此，在现有研究不足的背景下，本书基于岩石微观成像技术、微观自发渗吸实验以及核磁共振技术，结合改进的渗吸质量传输与裂缝控制范围模型，形成一套利用先进手段与理论相结合的缝控基质单元渗吸微观机理与影响因素研究技术；以低损伤的物理模型重构方法为指导，通过不规则多边形不重叠随机填充方法，构建能够更加反映真实岩心内部孔隙复杂结构的二维缝控基质单元数值模型，进行岩心尺度下的渗吸数值模拟研究，并进一步提升尺度在宏观尺度下开展渗吸数值模拟研究。本研究不仅仅是目前国际上的前沿课题，而且可以在孔隙、岩心、油藏尺度的多视角下直观、定量地揭示缝控基质单元渗吸机理与影响因素，为油田的工程实践提供技术指导。

1.3　本书的主要技术和方法

1.3.1　主要研究内容

为了从不同尺度上研究缝控基质单元渗吸过程流动和传输特性、结构表征以及模型构建，揭示缝控基质单元孔隙结构、复杂混合润湿性等因素对渗吸采油效果的影响，本书采用实验研究、理论模型改进以及数值模拟相结合的方法，通过多学科交叉开展缝控基质单元不同尺度模型重建、渗吸机理以及影响因素研究，设置具体的研究内容如下。

（1）基于实验的孔隙尺度下渗吸微观机理研究。本书以低渗透裂缝性油藏砂岩为研究对象，开展岩心基础参数（孔隙度、渗透率以及润湿性）测试、核磁共振实验、自发渗吸实验以及微 CT 实验；结合干燥岩心核磁共振孔径分布 T_2 谱、微观自发渗吸实验数据处理以及微 CT 图像数据分析，综合开展了缝控基质单元干燥岩心（包括孔隙度、孔径分布等参数）的岩石孔隙结构特征研究、饱和油状态下的含油饱和度、渗吸后岩心三维油水两相分布以及微观渗吸采收率研究，并进行了微 CT 图像扫描与分割的正确性验证研究；基于 CT 图像重构的三维孔隙结构以及油水相分布，定量化、可视化地开展了渗吸后贾敏效应的影响以及微观水相赋存状态研究，进而研究了不同孔径下水相演化规律以及孔隙复杂润湿性对渗吸的影响规律。

（2）缝控基质单元质量传输模型构建及微观影响因素研究。本书基于分形几何理论与达西定律，考虑孔隙内部表面粗糙度与束缚水的影响，建立了缝控基质单元基质有效孔隙度与渗透率数学模型；在此基础上，基于 H-P 方程，建立了缝控基质单元基质质量传输与裂缝控制范围数学模型；利用微 CT 重构的三维孔隙结构图像获得模型计算所需参数，并结合微观自发渗吸实验，开展了模型验证研究；基于改进的缝控基质单元质量传输模型，定量化地开展了表面分形维数、孔隙分形维数等参数对渗吸累积产油量的影响研究。

（3）缝控基质单元岩心尺度结构表征及模型构建。本书在明确了缝控基质单元结构的基础上，结合激光雕刻技术与 3D 打印材料，提出了一种新的、低损伤的岩心重构方法，开展了岩心尺度下缝控基质单元物理模型重建研究。在物理模型构建的基础上，本书利用 Python 语言编程技术，提出了非均质基质系统与 Y-型、S-型裂缝组合的缝控基质单元数值模型构建方法，开展不规则多边形不重叠随机填充表征基质系统的研究，构建了缝控基质单元二维数值模型。

（4）缝控基质单元岩心尺度渗吸数值模拟。本书在岩心尺度数值模型构建的基础上，基于相场理论，开展了不同油相黏度、不同润湿性、不同入口流速、不同孔隙分形维数和毛细管迂曲度下的油水两相渗吸数值模拟研究。

（5）本书基于单裂缝缝控基质单元模型，采用吞吐采油方法，在宏观尺度下开展渗吸采油数值模拟研究，在油藏尺度上，明确渗吸采油对低渗透油藏开采的重要性。

本书第 2 章介绍了微观自发渗吸-微 CT 成像-NMR 综合实验，为缝控基质单元渗吸微观机理研究提供图像数据，为模型验证提供参数支撑，为数值模拟验证提供数据支持；第 3 章介绍了改进后的缝控基质单元质量传输与裂缝控制范围模型，为理论基础下的缝控基质单元微观渗吸影响因素提供数学模型支撑；第 4 章介绍了缝控基质单元岩心尺度物理模型与数值模型构建方法，为岩心尺度下的数值模拟研究提供模型支持；第 5 章开展了岩心尺度下不同油相黏度、不同润湿性、不同入口流速、不同孔隙分形维数和毛细管迂曲度下的油水两相渗吸数值模拟研究；第 6 章介绍了单裂缝缝控基质单元模型构建过程，为宏观尺度下开展裂缝性储层动态生产过程与渗吸采油数值模拟研究提供模型支持。

1.3.2 研究技术路线

本书采用实验、理论和数值模拟相结合的方法，围绕缝控基质单元岩心孔隙结构和流体分布三维结构重建、质量传输与裂缝控制范围方程改进、渗吸采油过程中流体输运微尺度运移规律、岩心尺度物理与数值模型重建以及孔隙结构对渗吸采油开发效果的影响、宏观尺度裂缝性储层数值模型构建及单裂缝对渗吸采油开发效果的影响等问题，开展了不同尺度缝控基质单元渗吸机理、模型的表征与构建以及孔隙结构对渗吸采油开发过程影响的研究。本书的主要技术路线如图 1-7 所示。

在实验研究方面：一是通过岩心干燥样品微 CT 实验，获取孔隙结构定量表征，重构孔隙三维结构，结合核磁共振 T_2 谱对比分析了图像分割的正确性；二是通过岩心饱和油样品微 CT 实验，重构油相三维结构，对比分析岩心含油饱和度数据，验证了油相分割的正确性；三是通过微观自发渗吸实验，计算微观渗吸采收率；四是通过岩心渗吸后样品微 CT 实验，重构油水两相三维分布，得到基于图像计算的渗吸采收率，并与实验进行对比，验证油水相分割的正确性。在此基础上，微观自发渗吸-微 CT 成像-NMR 综合实验可以为后续的理论模型以及数值模拟提供参数支撑。

在理论研究方面：一是通过分形几何理论、达西定律以及 H-P 方程，在多种数学方法下建立缝控基质单元质量传输模型与裂缝控制范围模型，该模型是孔隙结构对渗吸微观影响研究的基础；二是影响因素的理论研究可以为岩心尺度数值模拟提供对比。

在数值模拟方面：一是基于微观机理与影响因素研究的基础上，通过分形参数来实现孔隙尺度到岩心尺度上的表征，建立物理模型以及数值模型；二是通过岩心尺度渗吸数值模拟，开展岩心尺度上的渗吸效果影响因素分析，并与微观影响因素分析结果进行对比；三是通过宏观尺度渗吸数值模拟，研究裂缝性储层动态

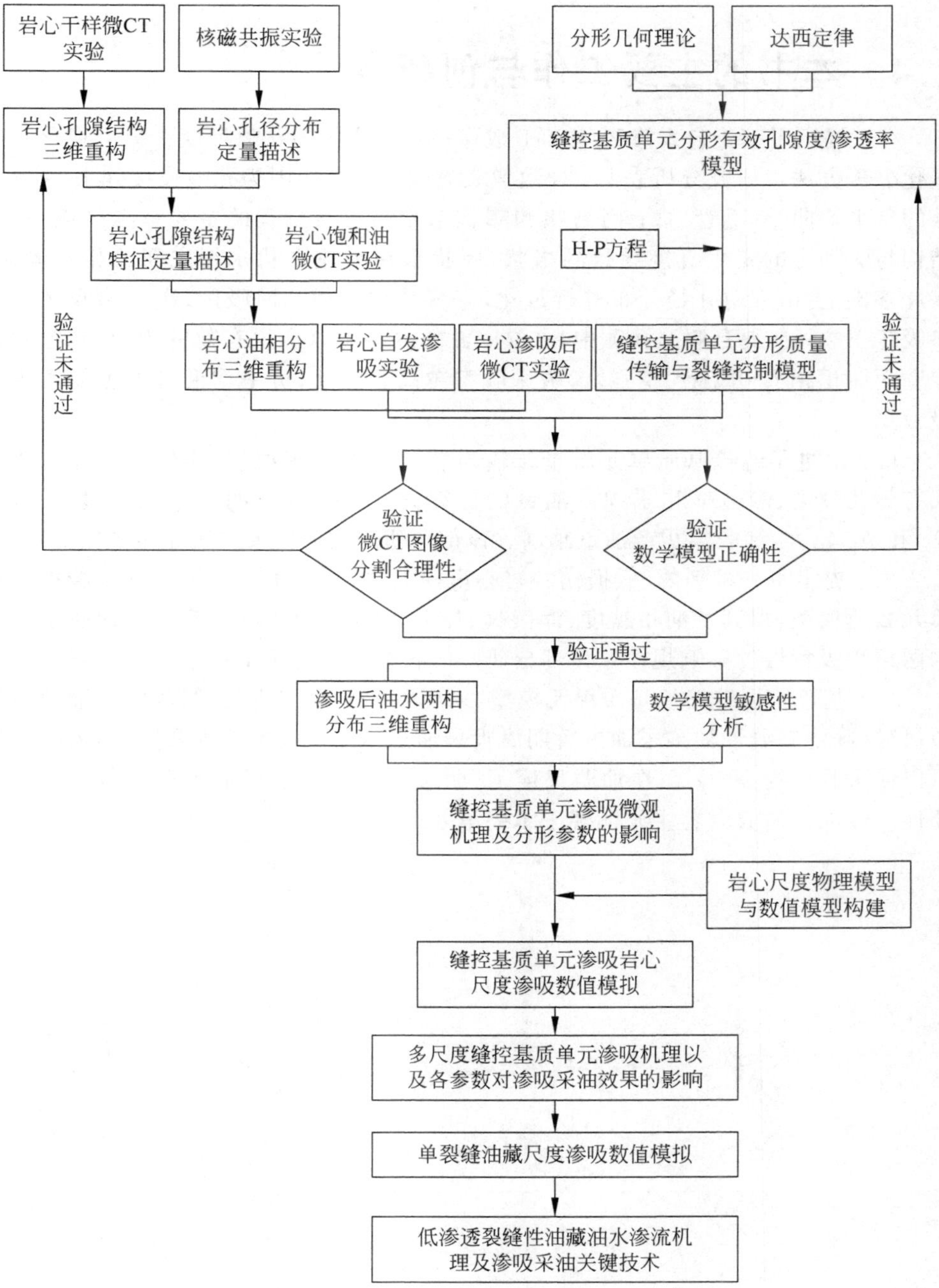

图 1-7　主要技术路线

生产过程，并与孔隙-岩心尺度渗吸效果进行对比，实现不同尺度下的缝控基质单元渗吸机理及影响因素分析。

1.4 本书的主要工作与创新点

(1) 提出了基于自发渗吸-微 CT 成像-NMR 实验的孔隙尺度渗吸可视化和定量化分析方法。研究分析表明：导致贾敏效应的主要原因为孔喉连接处水-油界面处的负平均曲率(毛管力)；网络状和簇状水相是渗吸过程的主要贡献区域，孔隙结构与驱动力的变化直接导致网络状、簇状水相和孤立状水相之间的相互演化。在此基础上，研究对孔径分布进行量化，并将其划分为非渗吸区、次主渗吸区和主渗吸区三类；在混合润湿孔隙中，水湿壁面的存在可以产生有效的渗吸，孔隙中水湿壁面面积越大，水湿性越强，渗吸采收率越高。此外，负平均毛管力也能产生渗吸效果。

(2) 改进了缝控基质单元质量传输与裂缝控制范围模型，明确了缝控基质单元有效孔隙度、渗透率和累积产油量的计算方法。研究表明，D_s 和 τ 越小，Δp、D_λ 和 p_h 越大，渗吸累积产油量越高。该部分研究内容主要体现于本书第 3 章。

(3) 提出了一种新的、低损伤的岩心重构方法，建立了岩心尺度二维缝控基质单元数值模型，得到了油相黏度、润湿性、压差、孔隙分形维数、毛细管迂曲度对油水两相渗吸特性的影响规律。该部分研究内容主要体现于本书第 4 章和第 5 章。

(4) 基于单裂缝缝控基质单元模型，采用吞吐采油方法，开展渗吸采油数值模拟研究，确定裂缝性油藏采油中后期渗吸采油是提高采收率的主要方式，渗吸采油可以使采收率提高 5%。在油藏尺度上，明确了渗吸采油对低渗透油藏开采的重要性。该部分研究内容主要体现于本书第 6 章。

第2章

基于实验的孔隙尺度下渗吸微观机理

根据第1章的阐述,宏观渗吸实验是研究渗吸过程的主要研究手段,但传统的实验方法由于尺度效应,存在很多缺陷,不能定量化、可视化地研究孔隙尺度下的流体流动,限制了更进一步的渗吸研究。因此,宏观实验向微观实验转变,定性研究向定量化发展,二维现象观察向三维可视化突破,是缝控基质单元由岩心尺度向孔隙尺度进行研究的必要条件。在本章中,首先将微观自发渗吸实验、微CT成像技术以及核磁共振技术相结合,设计了微观自发渗吸-微CT成像-NMR综合实验流程,开展了微观自发渗吸-微CT成像-NMR综合实验;然后基于微CT重构的三维扫描图像,结合定量分析方法,开展了孔隙尺度下可视化、定量化的缝控基质单元微观渗吸机理研究,分析了贾敏效应、渗吸后微观水相赋存与演化规律、孔径分布以及复杂混合润湿性对缝控基质单元渗吸采油效果的影响。

2.1 实验原理及设备

2.1.1 微观自发渗吸实验

微观渗吸实验与宏观渗吸实验最主要的区别在于岩心的尺寸上。宏观渗吸实验,无论是静态渗吸,还是动态渗吸,其优点在于对岩心本身的掌控上,也就是说,可以对标准岩心进行造缝、加围压等处理,进一步进行渗吸实验。与微CT成像以及核磁共振等相关先进图像技术相结合来研究其微观机理,是很难实现的,因此只能对实验现象进行观察,并进行定性的分析。但是,如果将渗吸实验所用的岩心进一步缩小,虽然舍弃了对裂缝、围压以及温度等参数的控制,但是可以将岩心微CT的结果提升至微米级,能更好地结合图像技术来探索孔隙尺度下的微观渗吸机理,更加准确、清晰、直观地理解渗吸过程。

1. 实验原理

由于微观自发渗吸实验所用的实验岩心尺寸较小，因此，本书采用全浸没式微观自发渗吸实验，其工作原理示意图如图 2-1 所示。基本原理为应用质量法定量的分析油水质量变化，计算出渗吸累积产油量与最终采收率。岩心样品通过悬线连接固定，完全浸没在盐水中，悬线另一端与高精度天平相连接。整个实验过程在恒温与密闭容器内进行，以防止温度以及周围环境（例如环境风引起的岩心抖动）引起的实验误差。高精度天平通过质量变化采集模块与计算机相连，该采集模块可以设定任意时间间隔时刻记录数据。当实验开始时，浸没在盐水中的岩心开始发生自发渗吸，盐水逐渐地被吸入岩心基质中，基质中的油被置换，由于岩心中的油水存在着质量交换，油水的密度差会导致岩心自身的质量发生变化，这种质量变化被高精度天平捕捉到，进而在设定的时间间隔下被计算机记录。

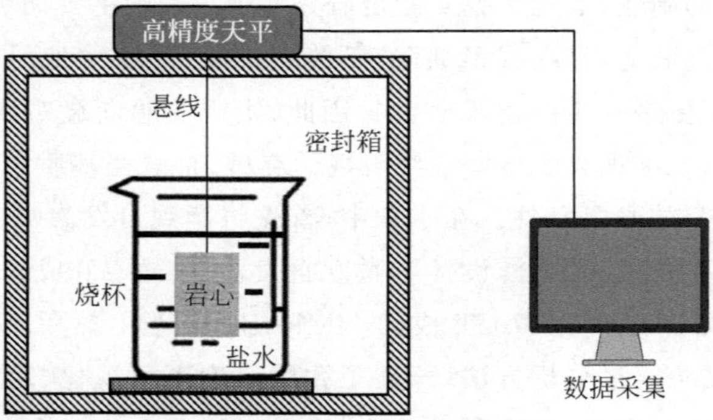

图 2-1 渗吸实验装置及工作原理示意图

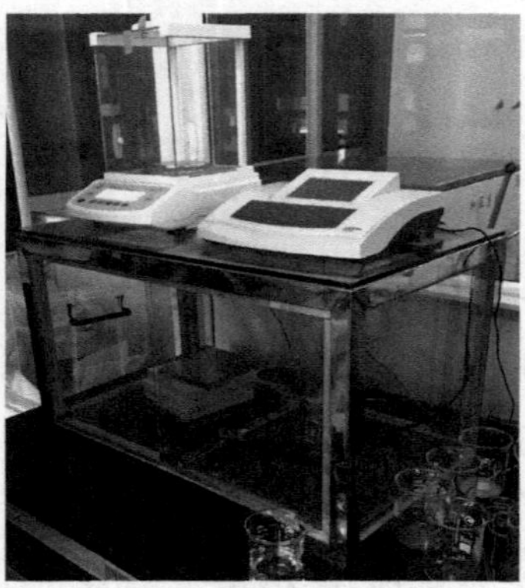

彩图 2-2

图 2-2 渗吸实验装置外观

2. 实验设备

实验采用西南石油大学地球科学与技术学院实验室自行设计的渗吸装置作为实验设备，如图 2-2 所示。该设备的主要技术参数如下：

（1）高精度天平的精度为 0.0001 g，可以精确捕捉质量变化；

（2）恒温箱可以控制实验在 25℃下进行；

（3）岩心室可以保证实验过程中隔绝外部环境，不受环境因素干扰。

2.1.2 微 CT 成像技术

近年来，图像技术发展迅猛，多学科交叉使得各领域的研究不断向微观方向进步，石油地质工程领域中的数字岩心技术已经成为研究前沿。通俗来讲，数字岩心技术就是为岩心“拍照片”，将岩石表面或内部结构转化为数字形式，通过各种软件对图像进行后期处理，进而可以获得岩石二维孔隙表面参数以及三维空间结构。起初，二维成像技术应用广泛，主要手段为铸体薄片成像、扫描电子显微镜成像(scanning electron microscope，SEM)。由图 2-3(a)可以看出，岩石铸体薄片图像未见注入有色胶体，说明孔隙不发育，属致密储层；根据图 2-3(b)，SEM 电镜扫描图像可以清晰地展示岩石内部特征，成像结果表明岩石表面非常粗糙，非均质性较强，清晰可见粒间孔与溶蚀孔。相比于铸体薄片方法，SEM 方法可以更加直观地观察到微米级孔隙。但是，这些方法只能通过观察岩石样品的二维图像获取岩石的表面特征，而微 CT 技术可以在三维空间连续扫描岩石，得到多张二维岩石图像切片，然后重建得到岩石三维结构。

(a)　　(b)

彩图 2-3

图 2-3　岩心二维铸体薄片与 SEM 图像

(a) 铸体薄片成像；(b) 电镜扫描成像

1. 实验原理

X 射线计算机断层扫描技术简称 X 射线 CT 技术。早期的 CT 技术主要应用于医疗行业。近年来，随着多学科交叉研究的进一步深化，在能源行业(石油地质工业、煤炭工业以及材料行业)得到广泛应用，数字岩心随之被研究人员所认识。

其基本原理为：由于物体的密度和组成成分不同，当 X 射线穿过被检测物体时，其原始 X 射线强度对于不同组分会产生不同程度的衰减和吸收，那么衰减后的 X 射线强度就会有不同程度的降低。根据 Lambert-Beer 定律，对于均质物体，当 X 射线穿过后，接收探测器所检测到的 X 射线强度为

$$I = I_0 e^{-\omega x} \tag{2-1}$$

式中，I 为 X 射线穿过物体后探测器接收到的射线强度，居里；I_0 为 X 射线的初始强度，居里；ω 为衰减系数，无量纲；x 为射线穿过样品的长度，cm。

对于含有不同组分的非均质物体，式(2-1)可以变化为

$$I = I_0 e^{-\sum_i \omega_i x_i} \tag{2-2}$$

式中，i 为被测物体中的第 i 个组成成分，无量纲；ω_i 为物体中第 i 个组成成分的衰减系数，无量纲；x_i 为射线穿过物体中第 i 个组成成分的长度，cm。

其工作原理如图 2-4 所示。岩心样品放置在旋转载物台上，信号发生器与信号接收器位于样品两侧，当扫描开始时，样品旋转，原始 X 射线透过旋转样品衰减后被信号接收器接收，计算机将接收到的信号转化为电信号，形成灰度图像，来表征样品的结构，在生成的二维灰度图像中，密度越小颜色越深，反之亦然。例如岩心样品扫描图像中，黑色代表孔隙，高亮的白色代表矿物，两者之间则代表岩石骨架。利用所得到的岩心扫描灰度图像，根据各组分的颜色差异，利用图像处理软件就可以对图像进行分割，最后得到被测物体的表面及内部三维结构。

彩图 2-4

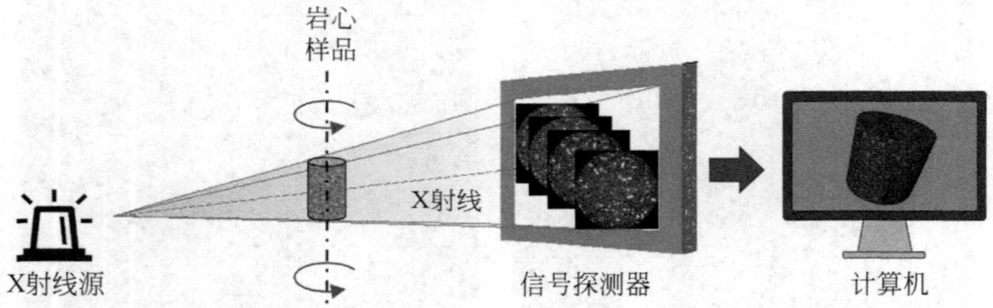

图 2-4 微 CT 工作原理示意图

2. 实验设备

本书实验所用设备为西南石油大学油气藏地质及开发工程国家重点实验室的美国 Xradia 公司生产的蔡司三维重构成像 X 射线显微镜，型号 MicroXCT-400。图 2-5(a)展示的是 MicroXCT-400 扫描设备的整体外观，图 2-5(b)是其内部结构，主要技术参数如下。

彩图 2-5

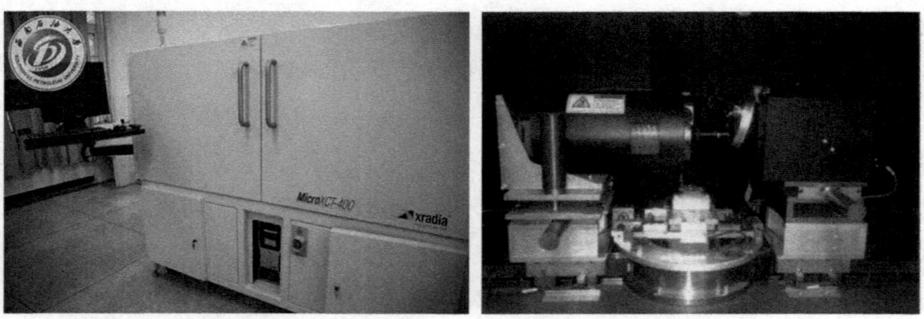

(a) (b)

图 2-5 Xradia MicroXCT-400 扫描设备

(a) MicroXCT-400 外观；(b) MicroXCT-400 内部工作元件

(1) X 光源：最大功率为 10 W，最大允许电压为 140 kV；

(2) 探测镜头：配套有 3 种不同放大倍数镜头，4 倍的分辨率为 5 μm、10 倍的分辨率为 2.5 μm、20 倍的分辨率为 1.5 μm；

(3) CCD 成像：最大分辨率为 2048×2048 像素；

(4) 载物台：旋转角度为−180°～180°，最大承重 15 kg；

(5) 测试样品尺寸：直径小于 500 mm，高度小于 400 mm。

2.1.3 核磁共振技术

目前，研究岩石孔隙结构主要的手段有压汞法和核磁共振法。压汞法对岩石造成的破坏是不可逆的，不利于实验的连续进行，而核磁共振技术具有无损、快速、稳定的特点，已经被广泛地应用到岩石孔径和流体分布的分析研究中。通过测量 T_2 谱，根据不同弛豫时间对应的不同峰值，核磁共振技术能够准确地刻画岩石孔径分布。

1. 实验原理

核磁共振分析技术的基本原理是通过测量岩石孔隙中流体氢原子核(^1H)的磁共振信号强度以及流体与岩石孔隙固体表面的相互作用来分析孔隙结构。当流体被限制在孔隙中时，由于流体与孔隙壁的相互作用，核磁共振弛豫时间由孔隙大小决定，孔隙越大，弛豫时间越长。因此，在本书中，核磁共振测试是在岩心饱和水情况下进行的。通过计算机计算可以得到不同弛豫时间的信号强度(孔隙度分量)。

2. 实验设备

本书实验所用设备为西南石油大学地球科学与技术学院油气地质与勘探实验教学中心的上海纽迈电子科技有限公司生产的 AniMR-150 型全直径岩心核磁共振分析系统，如图 2-6 所示。主要技术参数如下。

(1) 磁体：磁感应强度(0.23±0.03) T；磁体温度控制精度为±0.05℃；磁场的稳定性在 10h 的情况下小于 1.5×10^{-8}；测量区域内磁场匀场度小于 5×10^{-7}。

(2) 梯度线圈：直径分别为 125 mm、100 mm、40 mm、25 mm。

(3) 控制系统：射频场射频频率控制精度 0.01 Hz；射频功率放大器 300 W；CPMG 最大回波数为 8000 个，最小回波间隔小于 150 μs，最短数字采集间隔为 50 ns，梯度功放的梯度强度峰值为 15 mT/m；信号接收方式为数字正交检波。

(4) 测试样品尺寸：直径范围在 25～125 mm。

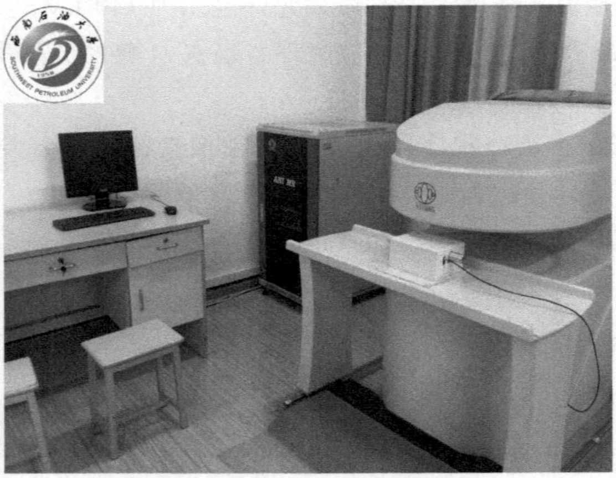

图 2-6　核磁共振设备示意图

2.2　微观自发渗吸-微 CT 成像-NMR 综合实验

根据本书的实验目的，本节将微观自发渗吸实验、微 CT 实验、核磁共振实验以及接触角测量实验相结合起来，形成一整套微观自发渗吸-微 CT 成像-NMR 的实验流程，来研究孔隙尺度下的渗吸采油机理。通过微观自发渗吸实验，将获得基于实验的渗吸累积产油量，并计算渗吸最终采收率；通过核磁共振实验，将获得岩心核磁共振 T_2 谱，通过反演计算出岩心的孔径分布；通过微 CT 实验与图像处理，将获得孔隙三维结构、油相三维分布以及渗吸后油水两相三维分布，并利用实验之间的关系对微 CT 图像分割的正确性进行验证。实验可为后续数学模型的验证提供参数支持；为可视化、定量化地分析孔隙尺度下微观渗吸机理提供数据支撑，整个综合实验的流程见图 2-7。

2.2.1　研究区块地质特征

1. 地层特征

松辽盆地坐落于我国东北地区，整体上呈北北东向展布，横跨东北三省和内蒙古自治区，总面积约为 26 万平方千米，是我国东北部最大规模的含油气盆地。本书的研究区位于新肇区块，构造位置处于松辽盆地中央坳陷区齐家-古龙凹陷南部新肇鼻状构造，是典型的低渗透与裂缝性发育结合的复杂型含油区块，开发层系为葡萄花油层，位于松辽古湖盆南岸的近岸超覆沉积，发育 PI1～PI5 小层，主力油层为 PI2、PI3、PI4 三个小层。该区探明地质储量 1.85415×10^7 t，含油面积 77.03 km^2，储量丰度 2.41×10^5 t/km^2。

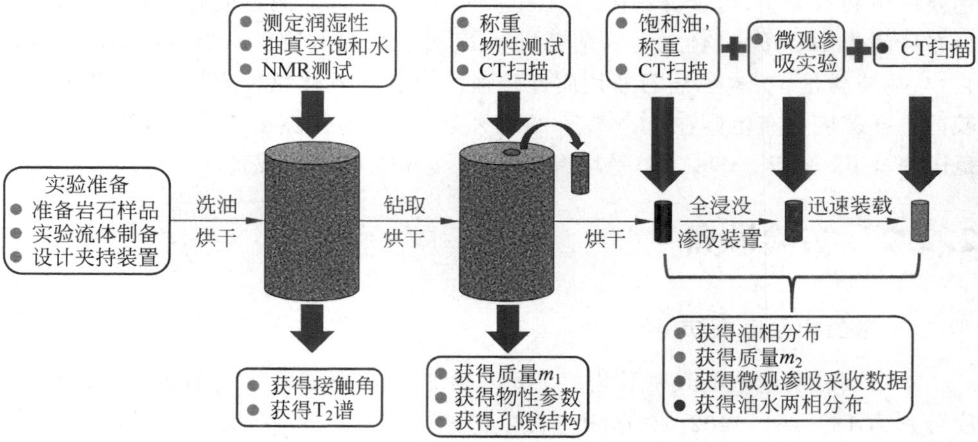

图 2-7　实验流程示意图

彩图 2-7

2. 构造特征

新肇区块主体呈 NE-SW 方向的小型鼻状构造，西部为古龙向斜，北部相邻葡西油藏，东为长垣的葡萄花构造。总体构造形态呈北、东高，西、南低，两个鼻状构造与两个向斜是错落分布的格局。受到断层的影响，东西方向上出现了分带的情况，发育以断块、断鼻为主的四级构造带，自西向东可分为向斜斜坡区、地堑带、中部地垒缓坡带、东部断裂带，东西方向落差明显。四个部分构造特征为：西为古龙向斜东斜坡，该区断层不发育，构造平缓；中部地堑带内微幅度构造较发育，以同沉积背斜、断背斜为主；中央地垒缓坡带断层不发育，由西向东斜坡逐渐变陡；东部断裂带由三组断层组成，形成地垒、地堑相间的断块。

3. 储层特征

葡萄花油层属于浅水水进、低水位体系区域沉积，沉积时受西部和北部物源影响，储层微相主要为三角洲前缘亚相沉积，根据沉积特征差异，以三角洲内前缘的水下分流河道砂、席状砂及三角洲外前缘席状砂等微相类型为主。水下分流河道砂呈透镜状断续分布，砂体发育稳定、规模较大，局部发育水下分流河道砂和滨浅湖沿岸砂坝。受北部大型河流三角洲沉积体系控制，储层厚度薄，平均砂岩厚度 7.6 m，平均有效厚度 3.8 m，属于基质-裂缝双介质油藏。

4. 岩石特征

葡萄花油层中，储层岩石碎屑物颗粒较细，大部分为粉砂级，岩石主要以岩屑长石粉砂岩为主，胶结方式为泥质胶结。石英含量分布在 17.0%～36.0%区间，平均为 24.4%，长石含量分布在 19.0%～42.0%区间，平均为 30.3%。黏土矿物主要以伊利石为主，含量分布区间为 30.0%～90.0%，绿泥石或高岭石次之，含量分布区间为 20.0%～40.0%。葡萄花油层岩石粒度中值 0.078 mm，分选系数 4.44，泥质含量 10.3%，岩石非均质性较强。岩石基质颗粒排列较紧密，孔隙发育较差。孔隙度分布范围在 11.6%～26.1%之间，平均孔隙度 18.1%，渗透率分布范围在 0.06～174 mD 之间，平均渗透率 17.1 mD，裂缝较发育。

2.2.2 实验准备

1. 岩石和流体性质

本书实验所选取的致密砂岩岩心取自大庆油田新肇区块葡萄花油层，取心深度分别为 1393.5～1402.99 m 和 1416.10～1423.39 m。所有实验操作(微观渗吸、微 CT 成像、核磁共振以及润湿性测定实验)均在 25℃、1 atm 下进行。实验用油为模拟油，在 25℃下的动态黏度为 7.56 mPa・s，密度为 0.84 g/cm^3。为了在微 CT 图像处理中更容易地识别油水两相，在油中加入 13%的碘代正丁烷，以便更好地区分油相与高亮矿物。实验用水为模拟地层盐水，动态黏度为 1.0 mPa・s，25℃下密度为 1.0 g/cm^3，盐水离子组成如表 2-1 所示。

表 2-1 实验用水的离子组成

矿化度/(mg・L^{-1})	Na^+/(mg・L^{-1})	Ca^{2+}/(mg・L^{-1})	Mg^{2+}/(mg・L^{-1})	Cl^-/(mg・L^{-1})
80000	27550	2168	1021	49261

2. 岩心夹持装置

考虑到微 CT 成像和微观渗吸实验操作的连续性，本书设计了岩心夹持装置，以保证实验过程的密封性和岩心样品的稳定性和完整性。岩心夹持器由密封盖(密封螺母)、固定柱(用以顶紧岩心)、岩心室以及加持棒组成，如图 2-8 所示。为了保证 X 射线可以穿过岩心，并不受夹持器的影响，设备整体材质选择亚克力材料。岩心室圆形管的直径为 6 mm，长度为 15 mm，密封螺母顶部设置密封圈，并通过螺纹与岩心室连接。固定柱的长度可以根据岩心尺寸进行调节，使其能够在密封螺母旋进过程中支撑岩心，以确保岩心的稳定性。

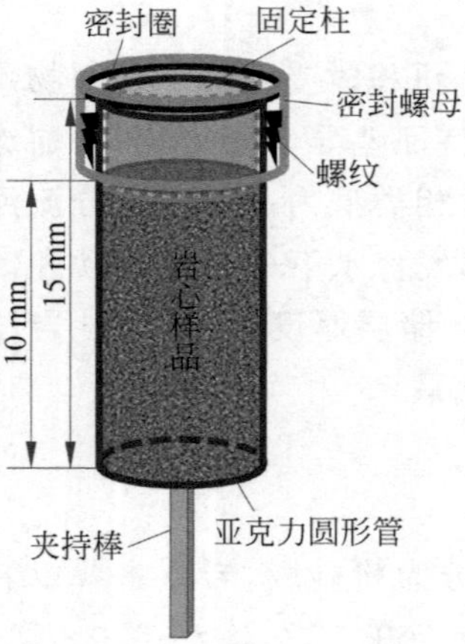

彩图 2-8

图 2-8 岩心夹持装置示意图

被扫描岩心样品放置于岩心室中，固定柱放置在岩心上方，随着密封螺母旋紧，固定柱也随之将岩心顶紧，然后将岩心夹持器固定在微CT设备上进行扫描。此夹持器的优点：一是可以保证岩心的稳定性，同一岩心不同时刻扫描不发生位置上的移动；二是整个岩心室是密封的，在饱和油和渗吸后岩心中的油水不会因为蒸发而影响微CT实验结果。

2.2.3 实验步骤

(1) 利用岩心分析系统(型号CMS-300，Temco，America)测量岩心渗透率，见表2-2。然后，原始岩心样品(直径2.5 cm，长度2.5 cm)经水洗烘干后首先测定润湿性。最后将两块岩心样品真空饱和水12h，立即进行核磁共振实验，获得NMR T_2谱。

(2) 从直径2.5 cm，长度2.5 cm的原始岩心柱子上钻制直径6 mm、长度10 mm的实验用岩心两块，分别编号A-1，A-2。对岩心样品进行物性参数测试，如表2-2所示。将两块岩心再次烘干后称重记录质量为m_1，并立即装入岩心夹持装置，如图2-9所示。

表2-2　岩心样品物理参数

样品编号	直径/mm	长度/mm	孔隙度/%	渗透率/mD
A-1	6	11	12.75	30
A-2	6.18	14	9.18	6.72

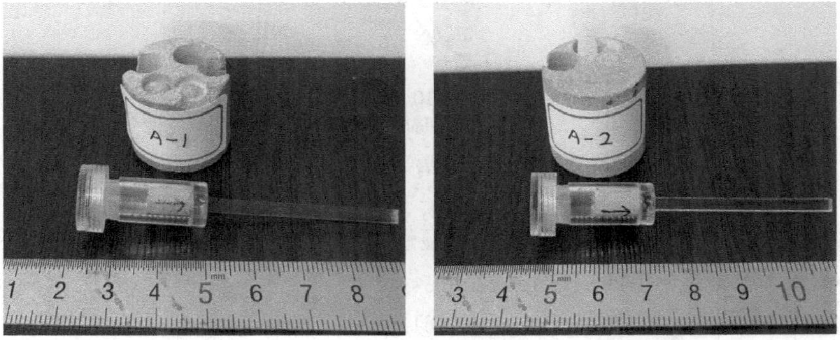

(a)　　(b)

图2-9　岩心样品制备图

(a) 钻取岩心A-1，装入岩心夹持装置；(b) 钻取岩心A-2，装入岩心夹持装置

(3) 将岩心夹持装置固定在微CT设备上，然后对两块干燥后的岩心样品进行微CT图像扫描(第一次扫描)，分别得到岩心样品的孔隙结构。

(4) 取出扫描后的干燥岩心样品，用煤油真空饱和12h。将两块饱和油的岩心称重记录质量为m_2，应用质量法计算岩心的孔隙度，见表2-2。随后立即将岩心样品装入岩心夹持装置。分别对岩心样品进行饱和油状态下的微CT图像扫描(第二次扫描)，获得孔隙中的油相分布情况。

(5) 扫描后将饱和油岩心样品迅速放入渗吸设备中，进行全浸没微观自发渗吸实验。当计算机采集到的质量不再变化时，停止渗吸实验，将岩心取出，立即装回岩心夹持器中。

(6) 最后，对岩心样品进行渗吸后的微 CT 图像扫描(第三次扫描)，得到渗吸后孔隙内的油水分布情况。

2.3 实验数据与图像处理

2.3.1 核磁共振 T_2 谱与岩石润湿性

在原始岩心柱(直径 2.5 cm，长 2.5 cm)上进行的核磁共振实验所获得的岩心 T_2 谱如图 2-10 所示。由图可以看出，两块岩心孔径分布趋势相同，呈多峰状，说明岩心 A-1 和岩心 A-2 孔径分布不均匀，非均质性较强。

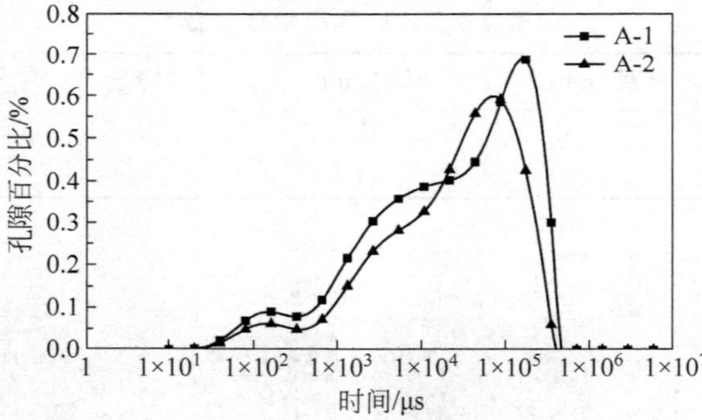

图 2-10 岩心 A-1 和岩心 A-2 核磁共振 T_2 谱

接触角可以直接反映岩心基质的润湿性，本节采用旋滴法(将水滴和油滴分别滴在岩心表面)分别测定了两块岩心样品的接触角。如图 2-11 所示，对于水滴而言，岩心 A-1 和岩心 A-2 的测试接触角分别为 21.09°和 20.49°[图 2-11(a)和(c)]；对于油滴而言，岩心 A-1 和岩心 A-2 的测试接触角分别为 56.59°和 48.71°[图 2-11(b)和(d)]。因此，无论对于水滴还是油滴滴在岩心表面，接触角测试都小于 90°，这表明岩心 A-1、岩心 A-2 都是混合润湿的。

2.3.2 渗吸采收率

在本书中，采用质量法对微观渗吸过程的产油量进行了计算。通过观察实验现象(图 2-12)可以发现，渗吸进行一段时间后，被置换出的油在岩心表面慢慢聚集，并最终形成油滴吸附在岩心表面。

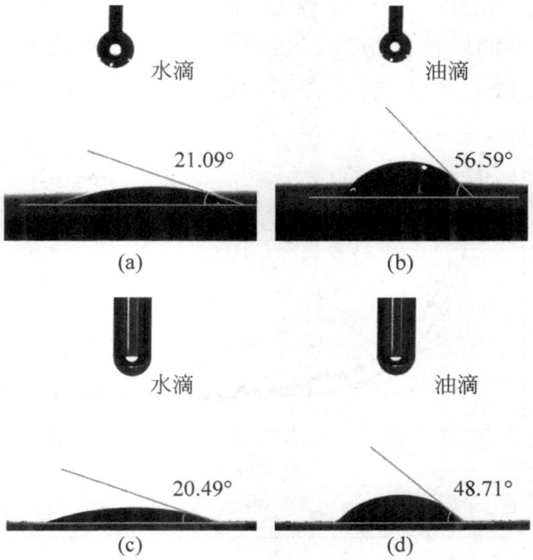

图 2-11　岩心 A-1、岩心 A-2 接触角测试

(a) 岩心 A-1 滴水接触角；(b) 岩心 A-1 滴油接触角；(c) 岩心 A-2 滴水接触角；(d) 岩心 A-2 滴油接触角

彩图 2-12

图 2-12　渗吸实验过程图

根据实验现象，水渗吸进入岩心基质中，基质中的油被置换出来。由于油水密度的差异，理论上岩心在渗吸过程中质量逐渐增加。但是，高精度天平记录的实验岩心质量是不断减小的，直至达到平衡，见图 2-13(a)。这是因为油虽然被置换出来，但没有脱离岩心而是附着在岩心上，导致岩心整体体积增大，浮力增加。因此，在渗吸的初始阶段，岩心的质量减小，随后，渗吸过程结束，岩心质量不再变化。

理论上，在渗吸过程中水相进入岩心中的体积，即为油相排出的体积。因此根据渗吸实验中岩心质量的变化，计算出进入岩心中的水相体积，进而可以计算出排出的油相质量，最终获得累积产油量曲线，如图 2-13(b)所示。从曲线可以看出，岩心 A-1 和岩心 A-2 在 150 min 和 200 min 前的累积产油量呈线性增长，此阶段为渗吸的初始阶段。在此之后，渗吸过程分别在 150～450 min 和 200～600 min 减慢，此阶段为渗吸的中期阶段。最后，累积产油量不再变化，渗吸过程达到平衡，此阶段为渗吸的后期阶段。此外，岩心在不同状态下的质量如表 2-3 所示。

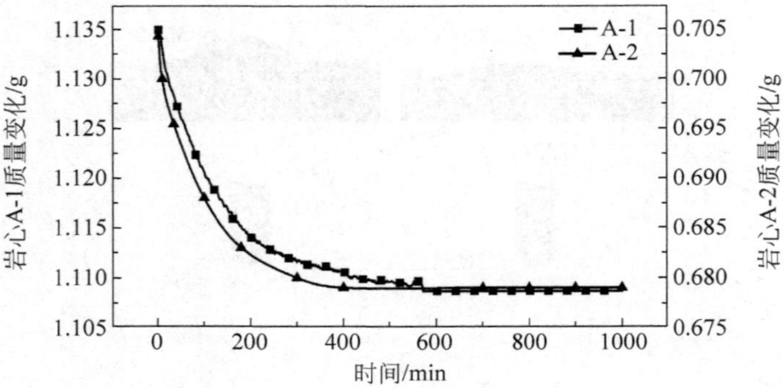

(a)

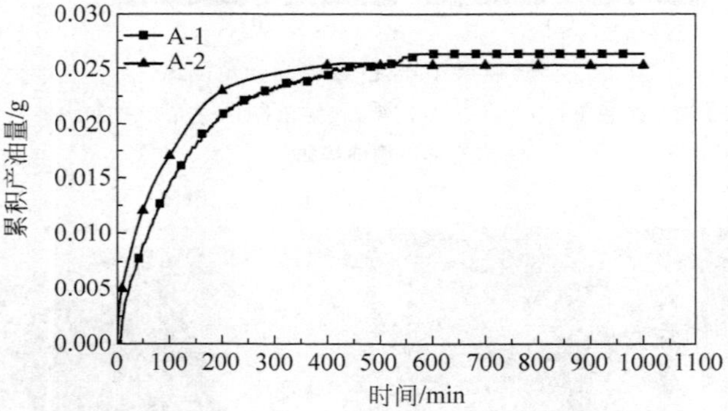

(b)

图 2-13 自发渗吸实验数据处理

(a) 计算机收集的岩心质量变化；(b) 渗吸累积产油量曲线

表 2-3 岩心在不同状态下的质量数据

样品编号	干样品质量 m_1/g	饱和油样品质量 m_2/g	累积产油量 m_c/g
A-1	1.04	1.135	0.02633
A-2	0.6609	0.7043	0.02528

根据表 2-3 中的数据，渗吸采收率 Q_e 可由式(2-3)计算，计算结果见表 2-4。

$$Q_e = \frac{m_c}{m_2 - m_1} \times 100\% \tag{2-3}$$

式中，Q_e 为实验渗吸采收率；m_1 为岩心样品干重，g；m_2 为岩心样品饱和油重，g；m_c 为累积产油量，g。

表 2-4 渗吸采收率

样品编号	采收率/%
A-1	27.7
A-2	58.2

2.3.3 微 CT 图像处理

1. 图像预处理

利用 Avizo^{TM} 图像处理软件对微 CT 图像进行处理，微 CT 图像的基本参数见表 2-5。在微 CT 实验过程中，岩心位置会发生微小移动，因此为了使渗吸前后图像位置保持一致，选取岩心图像的中心和随机特征点进行标定并校准。然后，采用非局部均值滤波算法降低噪点。其基本原理是将所有体素的邻域与当前位置体素的邻域进行比较，并将当前位置的灰度值替换为分配合理权重的其他位置的灰度值。此外，为了减小相与相之间的部分体积效应，采用拉普拉斯算子边缘增强方法获得清晰的油水相界面。其基本原理是复制原始图像并将其与原始图像混合，然后在不增加噪声的情况下对图像进行锐化。图 2-14 显示了两个样品岩心处理前后的二维切片。

表 2-5　微观渗吸扫描参数

样品编号	切片数量	像素(直径)/μm	分辨率/μm
A-1	677	835	5.59154
A-2	858	879	4.90747

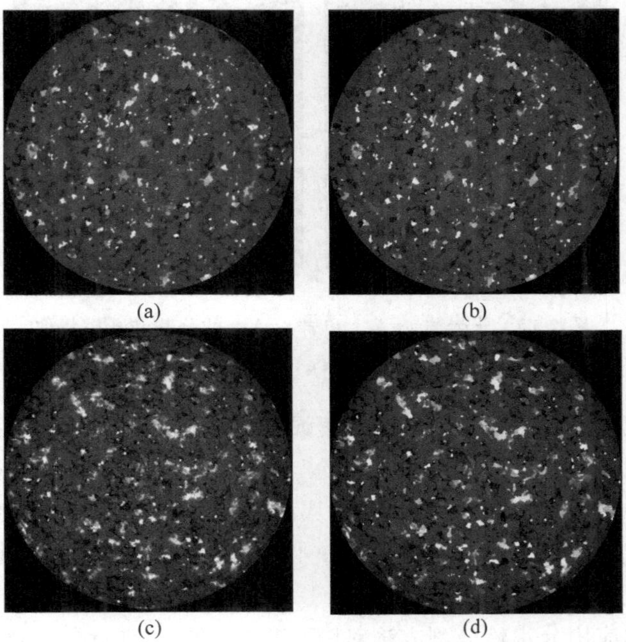

图 2-14　岩心 A-1 和岩心 A-2 处理前后的二维切片

(a) 岩心 A-1 原始图像；(b) 岩心 A-1 处理图像；(c) 岩心 A-2 原始图像；(d) 岩心 A-2 处理图像

原图 2-14

2. 图像分割

在以往的研究中，大多数研究者一般在原始图像上提取一个立方体进行分割，以提高计算速度。但是这种操作会丢失部分岩心信息而不能够准确地对渗吸采收率进行研究。为了定量研究渗吸采收率，本节仅对图像进行外边缘切割处理。

如图 2-15 所示，采用分水岭算法对灰度图像进行分割，其基本原理是利用强度梯度从不同的端点填充未分类区域，利用梯度最高的线局部划分类边界。根据分割后的图像，得到了干燥岩心的岩石骨架[图 2-15(a)和(c)]和孔隙分布[图 2-15(b)和(d)]，图中绿色代表孔隙，紫色代表岩石骨架。

彩图 2-15

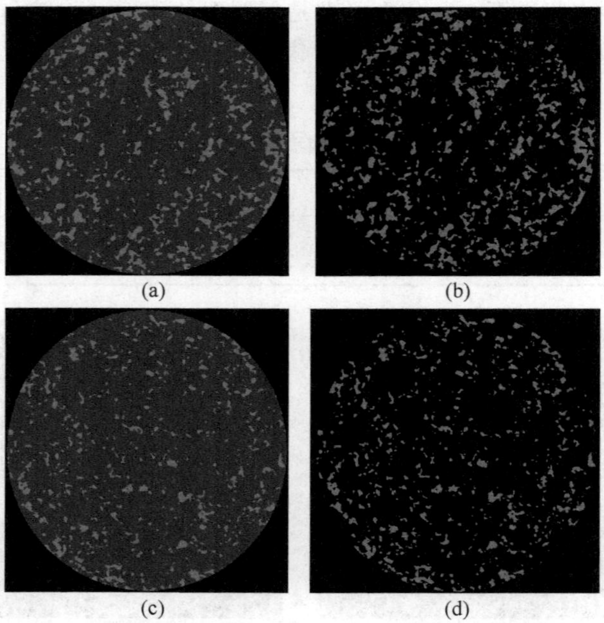

图 2-15　干燥岩心 A-1 和岩心 A-2 的分割和孔隙提取

(a) 岩心 A-1 分割结果；(b) 岩心 A-1 孔隙提取；(c) 岩心 A-2 分割结果；(d) 岩心 A-2 孔隙提取

在岩心孔隙提取的基础上，以两块干燥岩心样品孔隙作为参考孔，对饱和油和渗吸后的图像进行标定，如图 2-16 所示。在饱和油过程中，碘代正丁烷被加入实验用油中，这种试剂溶于油而不溶于水，从而提高了油相密度和油水两相在图像上的对比度，可以更加准确方便地识别出油水两相。在渗吸结束后，孔隙中的水相呈现黑色，油相呈现白色[见图 2-16(b)和(d)]。

最终，再次应用分水岭分割方法对图 2-16(b)和(d)进行分割，得到了渗吸后的油水分割结果，如图 2-17 所示，图中红色代表油相，蓝色代表水相。

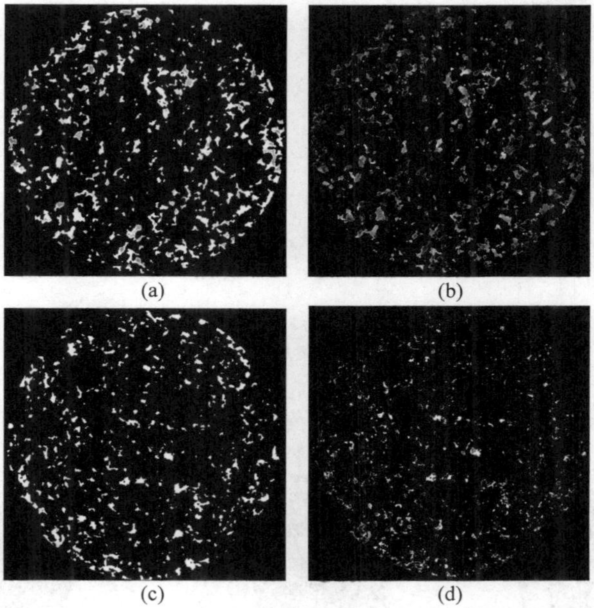

原图 2-16

图 2-16　利用参考孔校正后的饱和油和渗吸后微 CT 图像

(a) 岩心 A-1 油相分布；(b) 岩心 A-1 油水分布；(c) 岩心 A-2 油相分布；(d) 岩心 A-2 油水分布

彩图 2-17

(a)　　(b)

图 2-17　岩心 A-1 与岩心 A-2 渗吸后的油水分割图像

(a) 岩心 A-1 油水分割；(b) 岩心 A-2 油水分割

3. 图像三维重构

在分割过程的基础上，以岩心 A-1 的 857 个二维切片和岩心 A-2 的 677 个二维切片重建两块岩心的三维结构，绿色代表孔隙，紫色代表骨架，见图 2-18。然后提取孔隙、水相、残余油相，绿色、红色、蓝色分别代表孔隙、残余油相和渗吸水相，如图 2-19 所示。

根据分割的二维图像以及重构的三维图像，可以计算出岩心 A-1、岩心 A-2 在干燥、饱和油与渗吸后 3 种状态的特征数据，如表 2-6 所示。

彩图 2-18

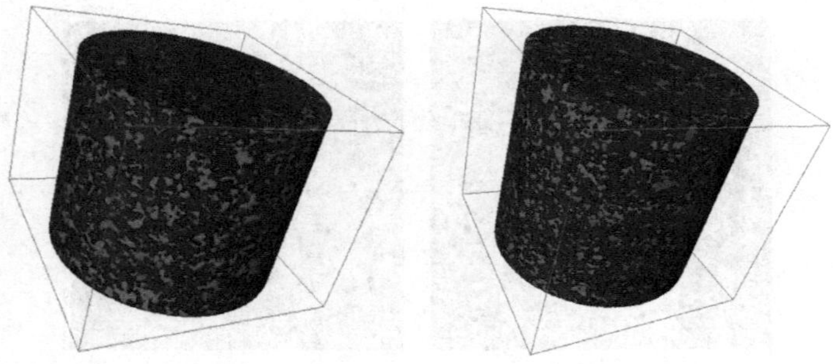

(a) (b)

图 2-18 岩心样品三维重构图像

(a) 干燥岩心 A-1；(b) 干燥岩心 A-2

彩图 2-19

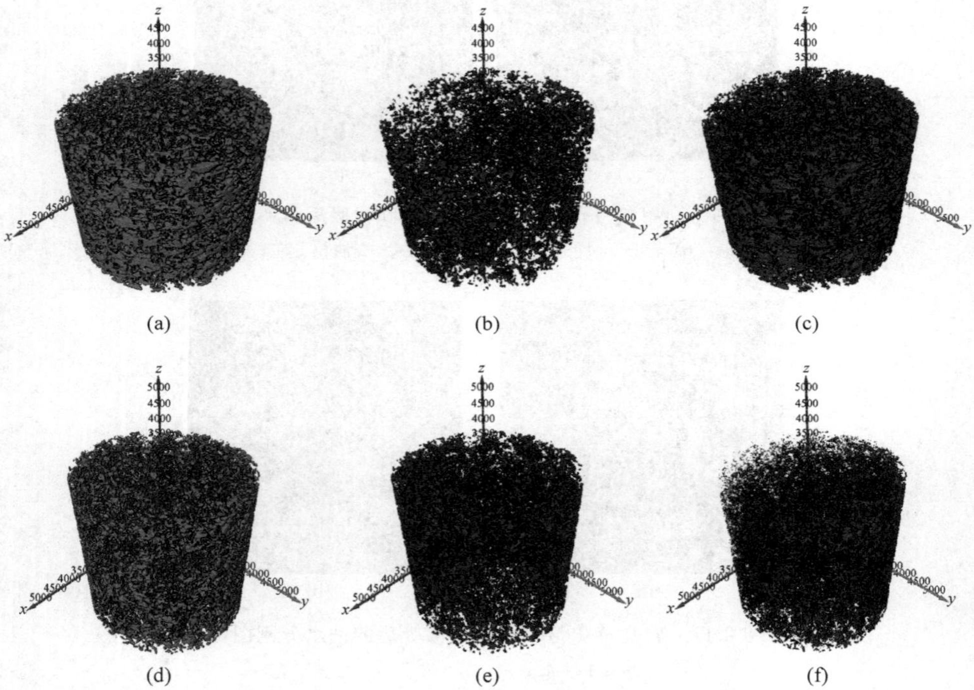

图 2-19 干燥岩心孔隙及渗吸后水相、油相三维图像

(a) 岩心 A-1 三维孔隙空间分布；(b) 岩心 A-1 水相三维空间分布；(c) 岩心 A-2 油相三维空间分布；(d) 岩心 A-2 三维孔隙空间分布；(e) 岩心 A-2 水相三维空间分布；(f) 岩心 A-2 油相三维空间分布

表 2-6 微 CT 分割数据

样品编号	样品状态	孔隙体积/cm^3	死孔隙体积/cm^3	水相体积/cm^3	残余油相体积/cm^3	岩石骨架体积/cm^3	总体积/cm^3	孔隙度/%
A-1	干样	0.008703	—	—	—	0.059738	0.068441	12.72
	饱和油	—	0.000383	—	—	—	—	—
	渗吸后	—	—	0.002211	0.005792	—	—	—

续表

样品编号	样品状态	孔隙体积/cm^3	死孔隙体积/cm^3	水相体积/cm^3	残余油相体积/cm^3	岩石骨架体积/cm^3	总体积/cm^3	孔隙度/%
A-2	干样	0.005591	—	—	—	0.055863	0.061454	9.10
	饱和油	—	0.000335	—	—	—	—	—
	渗吸后	—	—	0.003113	0.002437	—	—	—

根据表 2-2 和表 2-3 的数据，可以计算出两块岩心的含油饱和度分别为 96.0%和 94.36%。在饱和油后的微 CT 图像分割过程中(表 2-6)，可以计算出基于微 CT 三维孔隙图像的两块岩心含油饱和度分别为 95.6%和 94.0%。另外，基于质量法测得的孔隙度分别为 12.75%和 9.18%(表 2-2)，图像计算得到的孔隙度分别为 12.72%和 9.10%(表 2-6)。这说明图像分割是正确的，利用式(2-4)计算基于微 CT 图像的渗吸采收率 Q_{CT}，计算结果如表 2-7 所示。

$$Q_{CT}=\frac{V_w}{V_w+V_{ro}}\times 100\% \quad (2\text{-}4)$$

式中，Q_{CT} 为渗吸采收率，%；V_w 为水相体积，cm^3；V_{ro} 为剩余油体积，cm^3。

表 2-7 基于微 CT 图像的渗吸采收率

样品编号	渗吸采收率/%
A-1	27.63
A-2	56.09

对比表 2-4 与表 2-7 可知，基于微观渗吸实验和微 CT 图像得到的渗吸采收率基本一致，岩心 A-2 比岩心 A-1 具有更高的渗吸采收率。这是因为，一方面根据岩心核磁共振测试结果，岩心 A-2 的孔径要小于岩心 A-1，导致毛管力更大，由毛管力主导的渗吸采收率越高；另一方面，根据接触角(润湿性)测试结果，岩心 A-2 的水湿程度要略高于岩心 A-1 的水湿程度，这也导致了岩心 A-2 的渗吸采收率高于岩心 A-1。

通过对 NMR T_2 谱反演，得到孔径分布曲线，见图 2-20(a)所示。根据重构的三维孔隙结构所计算的孔径分布，如图 2-20(b)所示。

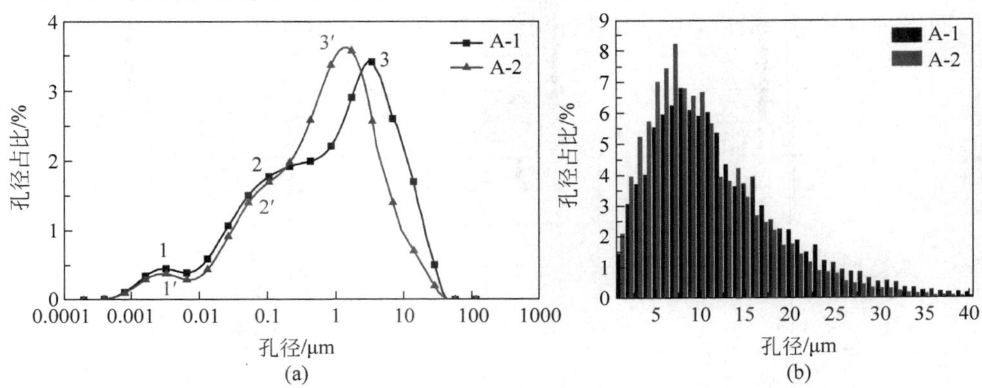

彩图 2-20

图 2-20 岩心 A-1 和岩心 A-2 孔径分布图

(a) 基于 NMR 测试的孔径分布；(b) 基于微 CT 图像计算的孔径分布

对比基于微 CT 图像计算的孔径分布直方图(原始岩心柱上钻取获得的直径为 6 mm、长度为 10 mm 的小岩心),实验数据与计算结果有一定差异,但总体分布规律是一致的,再一次证明了图像分割与重构的正确性。

2.4 微观机理研究的定量分析方法

研究微观渗吸机理,形状因子、接触角和流体-流体界面曲率以及毛管力是定量分析过程中所采用的重要参数。因此,需要对这些参数进行详细介绍。

首先,本书引入形状因子,来表征水相的球形度,用以对渗吸后微观水相的赋存状态进行分类。形状因子代表物体的球形程度,通常用 G 来表示。研究表明,G 值越小,物体的形状越不规则,反之,G 值越大,形状越接近球体。利用式(2-5)可以确定形状因子。

$$G=\frac{6\sqrt{\pi}V_0}{S_0^{1.5}} \tag{2-5}$$

式中,G 为给定水的形状,无量纲;V_0 为给定水的体积,μm^3;S_0 为孔隙表面积,μm^2。

其次,采用 AlRatrout 等开发的一种新算法来计算孔隙尺度上的接触角和流体-流体界面曲率,用以对提取的孔隙三维图像进行表面曲率的计算。具体操作流程为:首先,采用广义行进立方体算法生成网格 M。如图 2-21 所示,在油水系统中,网格 M 被划分为三个面区:$\boldsymbol{Z}_1$ 代表油/岩石界面,$\boldsymbol{Z}_2$ 代表油/盐水界面,$\boldsymbol{Z}_3$ 代表盐水/岩石界面,图中粉色代表油/岩石界面,绿色代表油/盐水界面,蓝色代表盐水/岩石界面,紫色代表相界面之间的接触线。从分割的三相图像(岩石骨架、油相和水相)中提取表面网格 $M=\{\boldsymbol{Z}_1,\boldsymbol{Z}_2,\boldsymbol{Z}_3\}$;然后利用保体积高斯平滑算法对提取的网格进行平滑;最后,再一次进行局部保体积曲率平滑计算。

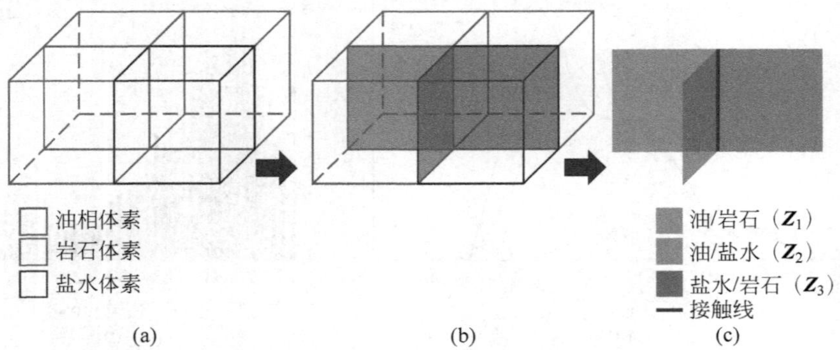

彩图 2-21

图 2-21 基于分割的三相灰度图像的网格生成步骤

(a) 体素分配给不同的分割相;(b) 生成连接顶点、边以及面;(c) 形成多个面区的网格在以上网格生成之后，对于相同的顶点，曲率 $\kappa_{i\mathrm{CL}}$ 采用式(2-6)进行计算：

$$\boldsymbol{\kappa}_{i_{\mathrm{CL}}}=\sum_{j\in \mathrm{adj}(i)}[(\boldsymbol{s}_i\cdot\boldsymbol{n}_i)-(\boldsymbol{s}_i\cdot\boldsymbol{n}_j)]/|\boldsymbol{o}_i\boldsymbol{o}_j|,\quad \{\boldsymbol{n}_i,\boldsymbol{n}_j\in\boldsymbol{e}_j,\quad i,j\in V_{\mathrm{CL}}\} \tag{2-6}$$

另外，对于属于油-水界面的顶点，曲率 $\kappa_{i\mathrm{OB}}$ 利用式(2-7)进行计算：

$$\boldsymbol{\kappa}_{i_{\mathrm{OB}}}=\sum_{j\in \mathrm{adj}(i)}[(\boldsymbol{s}_i\cdot\boldsymbol{n}_i)-(\boldsymbol{s}_i\cdot\boldsymbol{n}_j)]\Bigg/\left[\frac{\sum\limits_{j\in \mathrm{adj}(i)}\boldsymbol{\alpha}_j\boldsymbol{o}_j}{\sum\limits_{j\in \mathrm{adj}(i)}}\right],\quad \{\boldsymbol{n}_i,\boldsymbol{n}_j\in\boldsymbol{e}_j,\quad i,j\in V_{\mathrm{OB}}\} \tag{2-7}$$

然后接触线的平滑曲率 $\langle\boldsymbol{\kappa}_i\rangle_{\mathrm{CL}}$ 用式(2-8)进行计算：

$$\langle\boldsymbol{\kappa}_i\rangle_{\mathrm{CL}}=0.5\left(\frac{\sum\limits_{j\in \mathrm{adj}(i)}\boldsymbol{\alpha}_j\boldsymbol{\kappa}_j}{\sum\limits_{j\in \mathrm{adj}(i)}\boldsymbol{\alpha}_j}+\boldsymbol{\kappa}_{i_{\mathrm{CL}}}\right),\quad \{i,j\in V_{\mathrm{CL}}\} \tag{2-8}$$

另外，属于油-水界面的顶点，平滑曲率 $\langle\boldsymbol{\kappa}_i\rangle_{\mathrm{OB}}$ 利用式(2-9)计算：

$$\langle\boldsymbol{\kappa}_i\rangle_{\mathrm{OB}}=0.5\left(\frac{\sum\limits_{j\in \mathrm{adj}(i)}\boldsymbol{\alpha}_j\boldsymbol{\kappa}_j}{\sum\limits_{j\in \mathrm{adj}(i)}\boldsymbol{\alpha}_j}+\boldsymbol{\kappa}_{i_{\mathrm{OB}}}\right),\quad \{i,j\in V_{\mathrm{OB}}\} \tag{2-9}$$

式中，i 为顶点的标签；j 为在每个顶点 i，记录相邻的顶点；$\mathrm{adj}(i)$ 为每个顶点 i 相邻顶点的总数；$\boldsymbol{s}_i$ 为界面切向量；$\boldsymbol{n}_i$ 为顶点法向量；$\boldsymbol{o}_i$ 为顶点平滑位移；$\boldsymbol{\alpha}_j$ 为相邻点的权重因子；$\boldsymbol{e}_j$ 为一组四个相连的边的集合，所有表面区域共享的顶点集代表了三相接触线，$V_{\mathrm{CL}}=i\in\{\boldsymbol{Z}_1,\boldsymbol{Z}_2,\boldsymbol{Z}_3\}$；$V_{\mathrm{OB}}$ 为油/盐水界面。

接触角 θ_i 可以用式(2-10)计算：

$$\theta_i=\pi-\arccos(\boldsymbol{n}_i|_{\boldsymbol{Z}_2}\cdot\boldsymbol{n}_i|_{\boldsymbol{Z}_3}),\quad i\in V_{\mathrm{CL}} \tag{2-10}$$

式中，$\boldsymbol{n}_{\boldsymbol{Z}_2}$ 为垂直于油/盐水界面的向量；$\boldsymbol{n}_{\boldsymbol{Z}_3}$ 为垂直于盐水/岩石界面的向量。

最后，在表面曲率计算的基础上，引入表面曲率的计算公式 $\boldsymbol{\kappa}=2\cos\theta/r$ 并代入到 Young-Laplace 方程中[式(3-21)]，引入表面曲率后，毛管力 p_{c} 可由下式计算：

$$p_{\mathrm{c}}=\sigma\kappa \tag{2-11}$$

2.5 基于微 CT 图像的缝控基质单元微观渗吸机理

缝控基质单元在渗吸过程中，孔隙内部油水的渗流规律、渗吸后水相是如何存在于孔隙中以及孔隙尺度下的微观影响因素研究一直是科研人员研究的重点。传统的实验方法研究一方面不能达到孔隙级别，另一方面不能可视化、定量化地进行分析。因此本节结合微CT图像，通过重建两块混合润湿岩心的三维图像，定量、直观地分析了贾敏效应对渗吸作用的微观机理；此外，通过引入形状因子，定量研究了渗吸后水相的微观赋存和演化，对孔径进行量化分级；进一步研究和分析了具有混合润湿性的单个孔隙微观渗吸过程；最终揭示了接触角、毛管力、复杂润湿性与微观自发渗吸采收率之间的关系。

2.5.1 贾敏效应的影响

1860年，贾敏(Jamin)在研究中发现，液-液或气-液两相渗流中的液滴或者气泡在通过孔隙狭窄喉道时，会产生附加阻力效应，这种现象被称为贾敏效应(Jamin's effect)。在油藏开采过程中，岩石基质中存在着大量油滴、水滴或者气泡，当它们运移至狭窄喉道时，贾敏效应将阻止油水继续移动，严重影响着油藏的采收率。因此，研究贾敏效应的作用机理，可以为减小贾敏效应对采油过程的负面影响提供研究思路。

根据两块岩心二维切片图像，可以清晰地观察到贾敏效应的存在。如图2-22(a)和(b)所示，当水进入狭窄的喉道时，油相会从较宽的通道排出。但当水相从狭窄喉道运移到宽孔道时，毛管力急剧减小，见式(3-21)。结果，油-水界面很难继续移动，导致水相不能连续被吸入岩石基质，如图2-22(c)和(d)所示，此时称这种现象为贾敏效应，图中蓝色表示水，红色表示油，箭头表示流向。

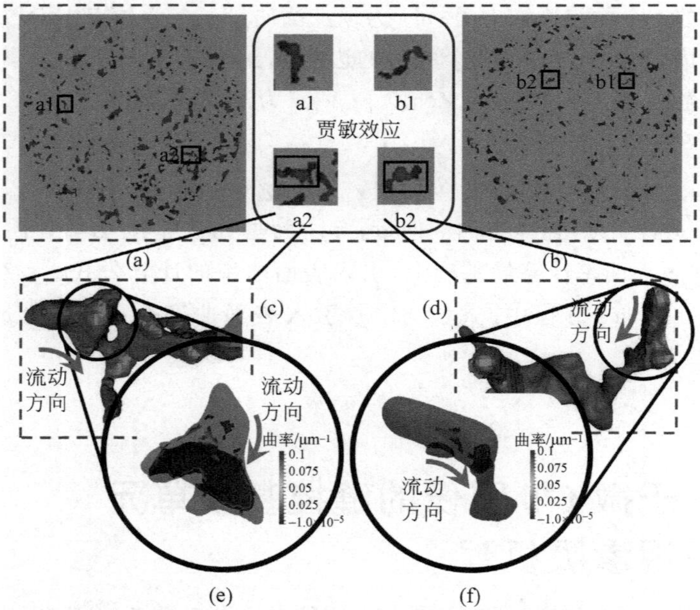

彩图 2-22

图 2-22 岩心 A-1 和岩心 A-2 中典型贾敏效应及孔喉油水界面曲率面

(a) 岩心 A-1 油水分布二维切片；(b) 岩心 A-2 油水分布二维切片；(c) 岩心 A-1 典型孔喉；(d) 岩心 A-2 典型孔喉；(e) 岩心 A-1 油水界面曲率面；(f) 岩心 A-2 油水界面曲率面

采用 Alratrout 等开发的算法，测量渗吸后孔隙尺度下的接触角和流体-流体的界面曲率。利用 OpenFOAM 求解器实现数学模型[式(2-8)～式(2-10)]的求解，测得的油水界面曲率直方图，如图 2-23(a)所示。此外，对于岩心 A-1 和岩心 A-2，表面张力取值 $\sigma=0.05$ N/m，通过油/盐水界面曲率模型[式(2-11)]，计算了岩心 A-1 和岩心 A-2 的毛管力值。图 2-23(b)展示了两种典型贾敏效应孔喉中的毛管力直方图。毛管力既有正值，也有负值，说明孔喉具有混合润湿性。

从图 2-22(e)和(f)及图 2-23 中，发现孔喉处的平均曲率(毛管力)为负值，阻止水相继续流动，出现了贾敏效应。最后，残余油块被困在大孔隙中，这种现象将终止渗吸过程。

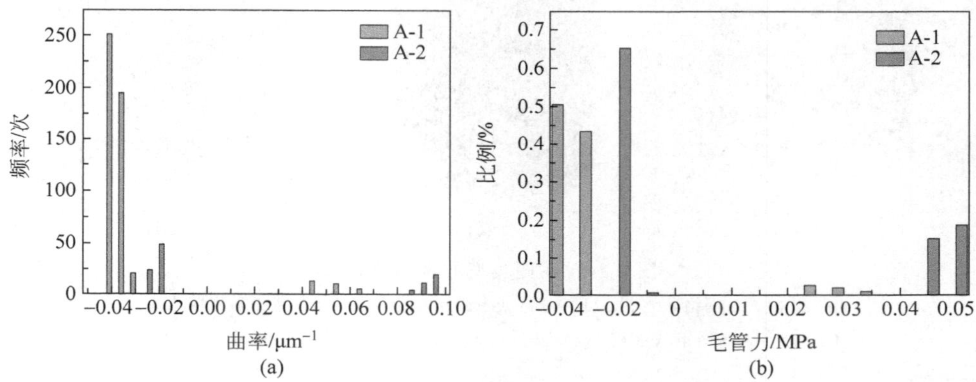

彩图 2-23

图 2-23　油/盐水界面曲率和毛管力分布直方图
(a) 典型孔喉处界面曲率；(b) 典型孔喉处毛管力

2.5.2　渗吸后微观水相赋存状态

渗吸过程中，孔隙中水相的分布状态既可以反映渗吸效果的好坏，也可以对渗吸过程的微观机理进行研究。结合微 CT 图像重构的岩心样品三维孔隙结构以及水相三维分布，可以定量地、直观地对水相的分布类型、渗吸在孔隙中发生的主要位置进行分析。

根据式(2-5)，基于引入的形状因子，可以将两块岩心的水相微观形态分为三种类型：网络状水相($0<G<0.3$)、簇状水相($0.3<G<0.7$)、孤立状水相($G>0.7$)，如图 2-24 所示。

由图 2-24 可以看出，三种形态的水相赋存具有不同的特征：网络状水相具有更大的体积，其主要分布在大孔隙以及多分支孔隙中，连通性好，结构复杂；簇状水相体积稍小，主要分布在小孔隙以及小分支处，结构较复杂；孤立状水相体积最小，数量最多，形状规则，主要分布在较小的孔隙或盲端中。各类型水相的体积分数如表 2-8 所示。由表 2-8 可知，在渗吸后，网络状水相和簇状水相在整个水相

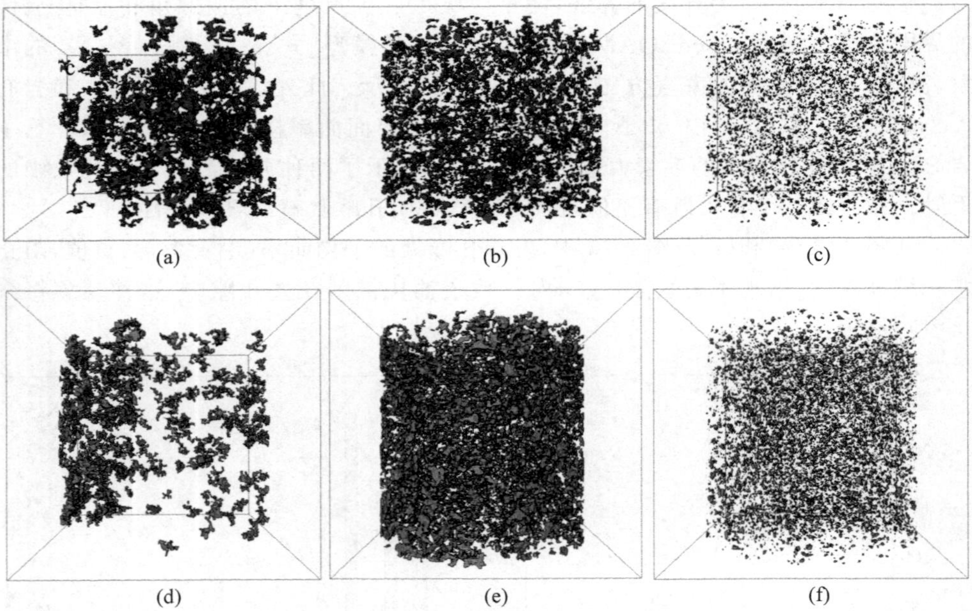

彩图 2-24

图 2-24　不同类型的水相分布图

(a) 岩心 A-1 网络状水相；(b) 岩心 A-1 簇状水相；(c) 岩心 A-1 孤立状水相；
(d) 岩心 A-2 网络状水相；(e) 岩心 A-2 簇状水相；(f) 岩心 A-2 孤立状水相

微观赋存中占比最大，表明两种状态下的水相所占据的孔隙是发生渗吸的主要场所。

表 2-8　基于微 CT 图像的不同类型水相的体积分数

岩心编号	水相类型	体积/cm^3	体积分数/%
A-1	网络状	0.001010510	45.73
	簇状	0.001038650	47.00
	孤立状	0.000160761	7.27
A-2	网络状	0.000708035	48.61
	簇状	0.001965680	43.25
	孤立状	0.000342007	8.14

在孔隙中提取典型的水相微观赋存图像，如图 2-25 所示。由图 2-25 可以看出，网络状和簇状水相分布在规则孔隙中，这也是渗吸的主要位置。在渗吸发生过程中，当水相沿狭窄喉道流动时，在驱动力综合作用下，水相开始变薄、断裂和分离。网络状水相有分离成为簇状水相和孤立状水相的趋势；簇状水相则有分离成孤立状水相的趋势，孤立状水相基本分布在不连通的小孔隙中。

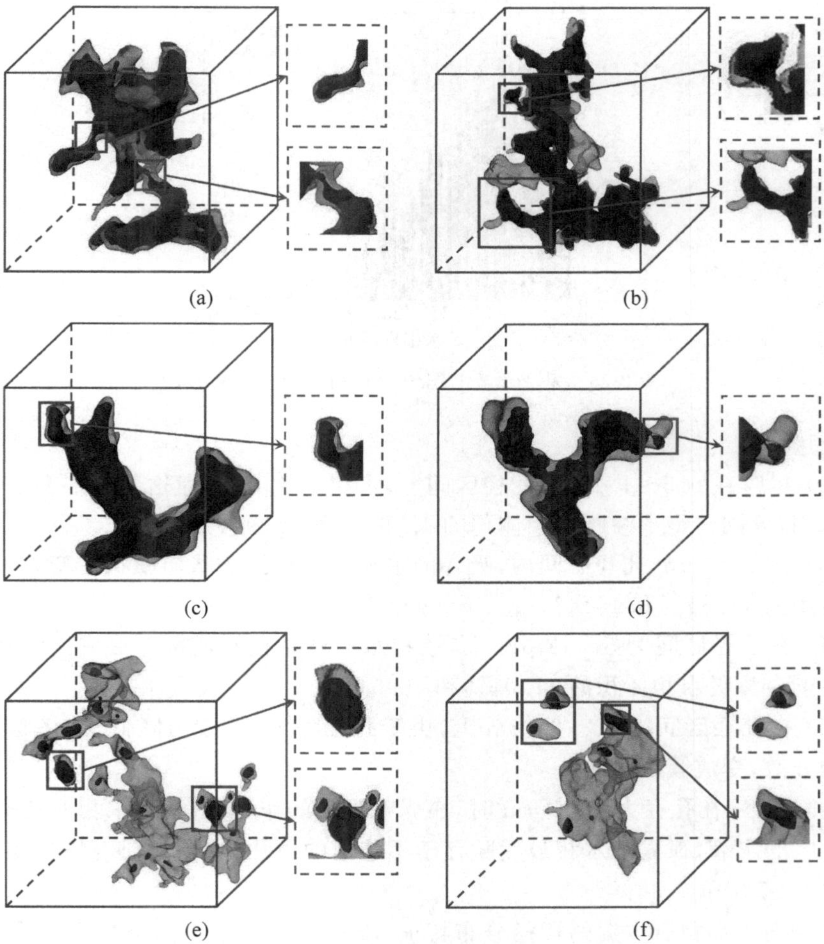

彩图 2-25

图 2-25　不同类型的典型水相在孔隙中的分布图

(a) 岩心 A-1 孔隙中网络状水相；(b) 岩心 A-2 孔隙中网络状水相；(c) 岩心 A-1 孔隙中簇状水相；(d) 岩心 A-2 孔隙中簇状水相；(e) 岩心 A-1 孔隙中孤立状水相；(f) 岩心 A-2 孔隙中孤立状水相

2.5.3　孔径分布的影响

在水相微观赋存研究的基础上，本节将继续结合水相直径分布对渗吸过程中孔径分布、微观水相在孔隙中的演化规律进行定量研究，进一步分级量化孔径大小对渗吸的贡献程度。根据图 2-24，对水相直径的分布进行计算，得到水相直径分布直方图，如图 2-26 所示。

由图 2-26 可以看出，水相主要分布在 0～40 μm 之间，水相的分布随直径的增大先增大后减小，这表明：

(1) 两块岩心样品在 0～0.5 μm 孔径区间上，主要由微小孔隙组成，基本不参

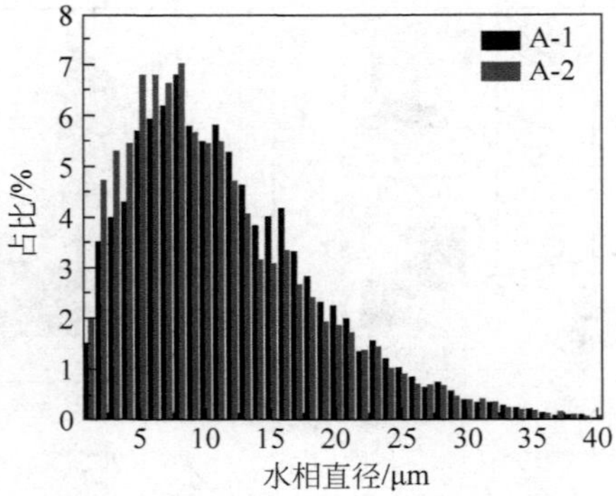

彩图 2-26

图 2-26 基于微 CT 图像的水相直径分布直方图

与渗吸过程；

(2) 尽管在 0.5～1 μm 的孔径区间上，水相开始出现，但这部分基本上是孤立状的水相，分别占整个渗吸水相体积的 1.497% 和 1.994%；

(3) 在 1～5 μm 孔径区间内，吸入的水相开始从孤立状向簇状转变，分别占水相总体积的 11.81% 和 15.47%；

(4) 在孔径区间为 5～12 μm 上，簇状水相开始相互连接并形成网络状水相，分别占整个渗吸水相体积的 47.01% 和 48.54%；

(5) 在孔径区间为 12～25 μm 上，由于孔径增大，毛管力降低，网络状水相逐渐开始分散，变成簇状水相；

(6) 最终，在孔径大于 25 μm 时，在弱毛管力的作用下，簇状水相开始劈分，形成孤立状的水滴，孤立状水相最后赋存于不连通的小孔隙中，分别占整个渗吸水相体积的 6.17% 和 5.89%。

继续细化水相所占据的孔径分布特征，定量地分析了不同类型水相在孔隙中分布的占比，计算结果见表 2-9。对比表 2-9 和表 2-8 可知，基于水相分布直方图分析的水相在孔隙中分布演化规律与利用形状因子分析的微 CT 图像三维微观水相赋存状态具有很好的一致性。

表 2-9 不同类型的水相在孔隙中的比例

岩心编号	水相类型	孔径大小/μm	比例/%
A-1	网络状	5～12	47.01
	簇状	1～5，12～25	45.33
	孤立状	0.5～1，>25	7.66
A-2	网络状	5～12	48.54
	簇状	1～5，12～25	43.58
	孤立状	0.5～1，>25	7.88

在此基础上提出将孔径分布对渗吸的贡献进行量化分级，依次分为：非渗吸

区、次主渗吸区、主渗吸区，具体分类结果见表 2-10。在裂缝性油藏渗吸开采过程中，应该把主力渗吸区域作为开发的关键区。

表 2-10　孔径尺寸对渗吸的贡献量化分级

孔径尺寸分类	非渗吸区/μm	次主渗吸区/μm	主渗吸区/μm
渗吸	0～0.5	0.5～1.0 和＞25	1～25

2.5.4 复杂混合润湿性的影响

润湿性主要可分为水湿、油湿以及混合湿三种类型。与人造岩心不同，天然岩心润湿性比较复杂，主要以混合湿类型为主。众所周知，岩石润湿性对渗吸具有决定性的作用，水湿性越强的岩心，渗吸效果越好。但已有文献对混合湿类型的定义为岩石同时存在着油湿和水湿类型，并且仅仅定性的研究润湿性对渗吸效果的影响，另外，传统的实验测量润湿性也不能精确地解释润湿性在孔隙尺度下的微观机理，这必然导致一定的局限性。

为了研究润湿性对渗吸效果影响的微观机理，对两块岩心孔隙尺度上润湿性行为进行微观定量研究。首先对岩心 A-1 和岩心 A-2 渗吸后油水分布的二维切片进行分析，见图 2-27。由图可以看出，两块岩心在孔隙尺度上的润湿性非常复杂，存在着水湿孔隙，油湿孔隙，值得注意的是，在同一孔隙中同时存在油湿和水湿壁面(孔隙尺度下的混合湿)。低渗透混合润湿性岩石渗吸机理示意图如图 2-28 所示；在强亲油孔隙中不发生渗吸，如图 2-28(a)所示；水沿强亲水孔隙完全渗吸，如图 2-28(b)所示，油被置换出来；在混合润湿孔隙中，水沿着亲水壁面被吸入，当遇到亲油壁面时停止渗吸，如图 2-28(c)所示。图 2-28 中红色代表油，蓝色代表水；蓝色箭头表示水流动方向，红色箭头表示油流动方向。

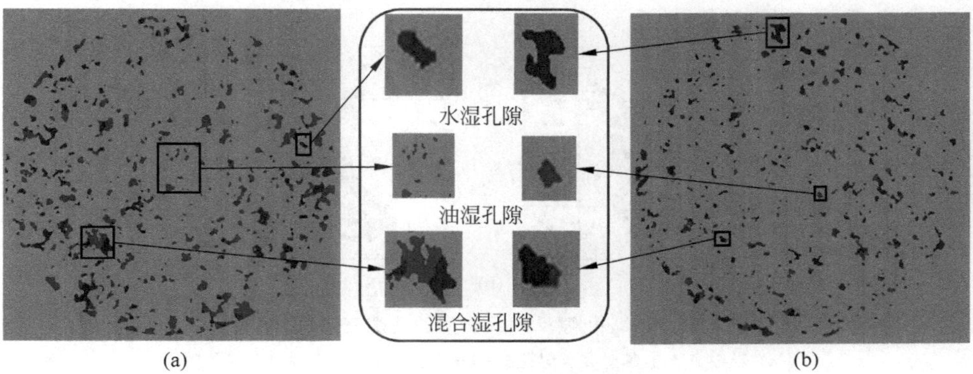

彩图 2-27

图 2-27　渗吸后的孔隙尺度复杂润湿性图像
(a) 岩心 A-1；(b) 岩心 A-2

彩图 2-28

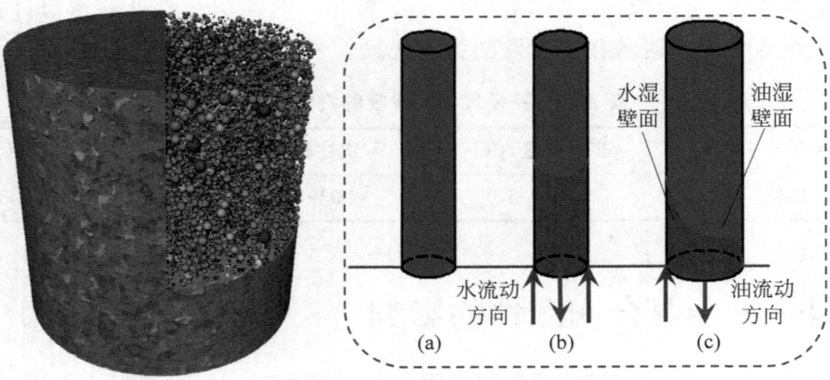

图 2-28 低渗透混合润湿性岩石渗吸机理示意图

(a) 油湿孔隙；(b) 水湿孔隙；(c) 混合湿孔隙

在每块岩心中分别选取 2 种典型混合湿孔隙，如图 2-29 所示，图中红色代表油相，蓝色代表水相。根据提取的图像，基于水相从图像中计算出接触角的大小分布，见图 2-30，值得注意的是，接触角由油/盐水和盐水/岩石界面之间的夹角来表示。从这个基本认识出发，如果接触角小于 90°，则为水湿壁面，当接触角大于 90°时，为油湿壁面。根据计算结果，岩心 A-1 和岩心 A-2 都是混合润湿的，与旋滴法测量的结果一致。

彩图 2-29

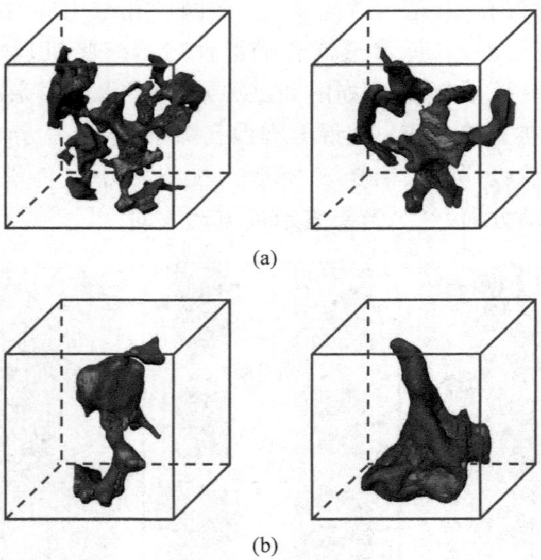

图 2-29 孔隙尺度下典型的孔隙三维图像

(a) 岩心 A-1 中典型混合湿孔隙；(b) 岩心 A-2 中典型混合湿孔隙

在本书中，定义孔隙内水相表面积与总表面积的比值用来表征水相的面积比率，见式(2-12)：

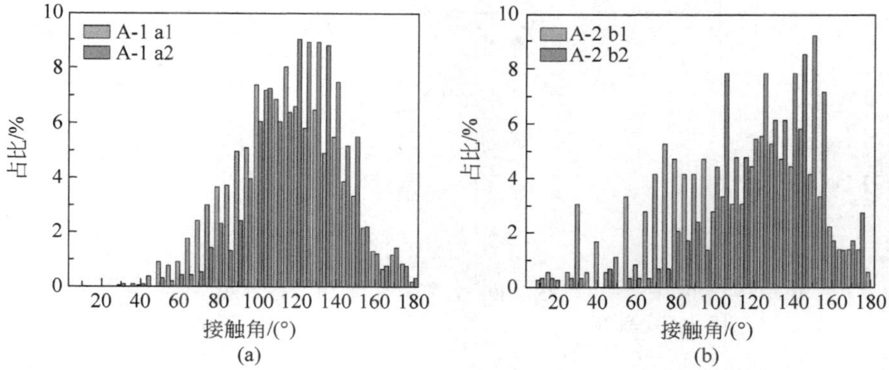

彩图 2-30

图 2-30 岩心 A-1 和岩心 A-2 孔隙尺度下接触角分布图

(a) 岩心 A-1 混合润湿孔隙的接触角分布；(b) 岩心 A-2 混合润湿孔隙的接触角分布

$$R=\frac{A_{\mathrm{w}}}{A_0}\times 100\% \tag{2-12}$$

式中，R 为水相的面积比率，%；A_{w} 为水相表面积，cm^2；A_0 为孔隙总表面积，cm^2；通过微 CT 分割图像计算 A_{w} 和 A_0。

另外，采用接触角小于 90°的频次与总接触角个数的比值来表征水相润湿比率，见式(2-13)：

$$W=\frac{\theta_{\mathrm{w}}}{\theta_i}\times 100\% \tag{2-13}$$

式中，W 为水相润湿比率，%；θ_{w} 为接触角小于 90°的频次；θ_i 为计算的总接触角个数；θ_{w} 和 θ_i 可以通过 AlRatrout 等提出的方法进行计算。

此外，利用水相体积与孔隙总体积之比来表征孔隙尺度下的渗吸采收率，见式(2-14)：

$$Q_{\mathrm{p}}=\frac{V_{\mathrm{w}}}{V}\times 100\% \tag{2-14}$$

式中，Q_{p} 为孔隙尺度下的渗吸采收率，%；V_{w} 为水相体积，cm^3；V 为孔隙总体积，cm^3；通过微 CT 分割图像计算 V_{w} 和 V。

将计算结果绘制在图 2-31 中，根据图 2-31(a)可以得到，水相的面积比率 R 与水相润湿比率 W 呈线性相关，表明在孔隙尺度上，水相与孔壁接触越大，相对应的整个孔隙的水湿性越强。根据图 2-31(b)可以看出，渗吸采收率 Q_{p} 同样与水相润湿比率 W 呈线性相关，说明整个孔隙的水湿性越高，在孔隙尺度下的渗吸采收率就越高。因此，在孔隙尺度微观渗吸过程中，单个孔隙的水湿壁面越大，那么水湿性越强，最终渗吸采收率越高。

由于 4 个典型的混合湿孔隙不能代表普遍情况，在上述工作的基础上，分别在每个岩心样品中随机选取了 20 个混合湿孔隙，进行相关性分析，如图 2-32(a)和(b)所示，这些结果也显示了一致的相关性。

彩图 2-31

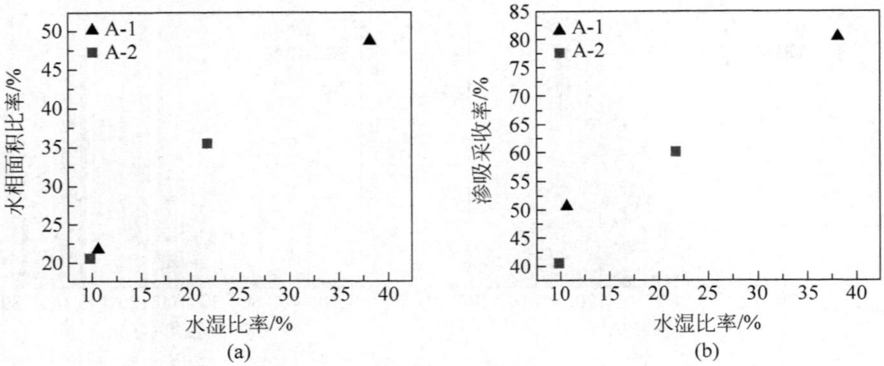

图 2-31 水相面积比率、渗吸采收率与水湿比率的相关性分析散点图

彩图 2-32

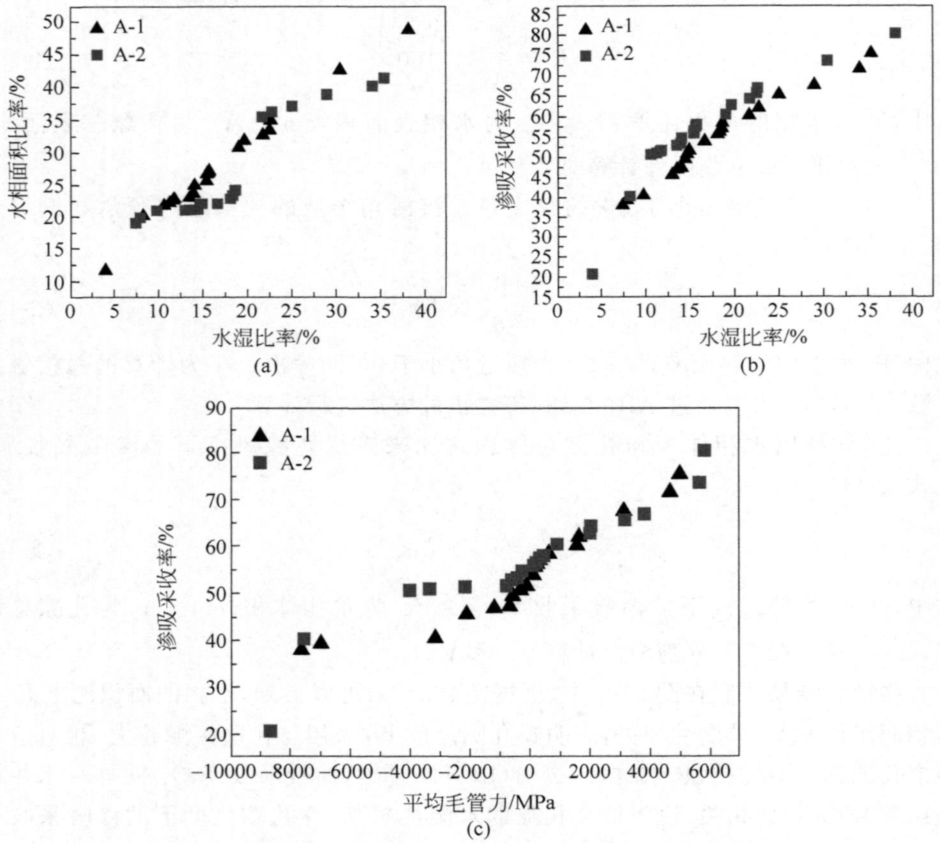

图 2-32 水相面积比率、渗吸采收率与水湿比率，渗吸采收率与平均毛管力的相关性分析散点图

另外，如图 2-32(c)所示，平均毛管力与渗吸采收率 Q_p 呈线性相关。随着平均毛管力的增大，渗吸采收率 Q_p 增大。值得一提的是，本书所选取的典型孔隙的平

均毛管力既有正值，又有负值。众所周知，在油藏尺度上，毛管力为负值时则不能发生渗吸。然而，在本书的研究工作中，负值的平均毛管力也可以产生渗吸效果，这是因为在单个孔隙亲水壁面上的正毛管力是驱动力，在孔隙尺度上可以发生有效的渗吸作用。当水相继续在孔隙壁面上运移，当遇到油湿壁面时，此时毛管力变为负值，渗吸过程停止。因此对于混合润湿性孔隙而言，需要考虑孔隙的水湿壁面和油湿壁面的共同作用对最终渗吸效果的影响。

2.6　本章小结

本章介绍了微观自发渗吸实验、微 CT 实验以及核磁共振实验的实验原理与实验设备，并将不同实验方法结合，开展了微观自发渗吸-微 CT 成像-NMR 综合实验。基于微观自发渗吸实验与微 CT 实验，结合定量分析方法，可视化、定量化地分析了渗吸微观机理。

(1) 选取大庆油田新肇区块低渗透砂岩岩心制备实验样品两块，通过综合实验获得了 NMR T_2 谱、接触角、渗吸累积产油量以及岩心微 CT 图像。实验数据结果表明：根据 NMR 实验的 T_2 谱，两块岩心孔径分布趋势相同，呈多峰状，说明岩心 A-1 和岩心 A-2 孔径分布不均匀；岩心 A-1 和岩心 A-2 的水相接触角分别为 21.09°和 20.49°，油相接触角分别为 56.59°和 48.71°，确定目标区块岩心为混合润湿；基于微观自发渗吸实验，定量计算了微观渗吸采收率：岩心 A-1 和岩心 A-2 的微观渗吸采收率分别为 27.7%和 58.2%。

(2) 通过对微 CT 二维切片图像进行校准、非局部均值滤波、分水岭分割等处理，重构了岩心 A-1 和岩心 A-2 干样状态下孔隙三维结构、饱和油状态下的油相三维分布以及渗吸后的油水两相三维分布。基于微 CT 图像计算岩心样品孔径分布以及岩心不同状态下的图像特征数据，结果表明：岩心 A-1 和岩心 A-2 含油饱和度分别为 95.6%和 94.0%，孔隙度分别为 12.72%和 9.10%，微观渗吸采收率分别为 27.63%和 56.09%。对比实验结果，验证了微 CT 实验图像分割以及重构的正确性。

(3) 通过分析提取的典型孔隙三维结构以及计算孔喉连接处表面曲率与毛管力，研究了贾敏效应对缝控基质单元渗吸效果的影响。结果表明：当水相运移到狭窄喉道时，水-油界面处的负平均曲率(毛管力)直接导致贾敏效应，使残余油滞留在大孔隙中，贾敏效应阻止渗吸过程，降低渗吸采收率。

(4) 通过引入形状因子，结合重构的岩心样品渗吸水相三维分布，开展了渗吸后微观水相赋存状态研究。结果表明：微观水相赋存状态分为三种类型，分别为网络状水相、簇状水相和孤立状水相；计算得到岩心 A-1 三种类型水相的体积分数分别为 45.73%、47%和 7.27%，岩心 A-2 的体积分数分别为 48.61%、43.25%和 8.14%，网络状和簇状水相是渗吸过程的主要贡献区域；在孔隙中提取典型的水相微观赋存图像，当水相沿狭窄喉道流动时，在驱动力综合作用下，水相开始变薄、断裂和分离。网络状水相有分离成为簇状水相和孤立状水相的趋势；簇状水相则有分离成孤立状水相的趋势，孤立状水相基本分布在不连通的小孔隙中。

（5）在微观水相赋存状态研究的基础上，通过分析孔径分布和水相直径分布，得到了不同孔径下水相的演化规律；计算不同类型水相在不同孔径中分布的占比，对于岩心 A-1，分别为 47.01%、45.33%和 7.66%，对于岩心 A-2，分别为 48.54%、43.58%和 7.88%，表明基于水相分布直方图分析的不同水相在不同孔隙中分布演化规律与利用形状因子分析的微 CT 图像三维微观水相赋存状态具有很好的一致性；对孔径分布进行量化，并将其划分为三类：非渗吸区（0～0.5 μm）、次主渗吸区（0.5～1.0 μm 和＞25 μm）和主渗吸区（1～25 μm）。

（6）通过提取典型混合润湿性特征孔隙，开展了单个孔隙中不同润湿壁面的渗吸微观机理研究。研究结果表明，在同一孔隙中同时存在油湿和水湿壁面（孔隙尺度下的混合湿），水湿壁面的存在可以产生有效的渗吸效果；水相的面积比率 R 和渗吸采收率 Q_p 与水相润湿比率 W 呈线性相关关系，孔隙中水湿壁面面积越大，水湿性越强，渗吸采收率越高。此外，平均毛管力与渗吸采收率 Q_p 呈线性相关，孔隙尺度下，负平均毛管力也能产生渗吸效果。

第3章

缝控基质单元质量传输模型及微观影响因素研究

本章基于分形几何理论，改进了缝控基质单元质量传输模型以及裂缝控制模型的数学表达式。首先，概述了分形几何的理论基础及其在渗吸采油中的应用。其次，基于分形理论，推导了缝控基质单元基质系统的有效孔隙度与渗透率改进模型；在此基础上，进一步推导了缝控基质单元质量传输模型与裂缝控制模型的改进表达式。然后，基于第 2 章的微 CT 图像，对分形参数进行计算，结合孔隙度和渗透率测试实验与微观自发渗吸实验，验证了本章模型的正确性。最后，在模型推导与验证的基础上，分析了孔隙内壁的微观结构以及渗吸驱动力对渗吸累积产油量的影响，通过数学方法定量研究了孔隙尺度渗吸的影响因素。

3.1　分形几何理论

自然界中极不规则、看似杂乱无章的复杂结构无处不在，例如玻璃的裂纹，分叉的树枝等，常规的数学理论不能准确、定量地研究这些现象。1967 年，Mandelbrot 首次提出了分形几何这一数学概念。分形，是对那些没有特征长度而又有自相似性质的物体、结构甚至现象的总称。分形几何理论的诞生，标志着复杂的、粗糙的几何形状可以用一种标度率进行严格的数学表征，开辟了一个崭新的数学分支。1975 年，Mandelbrot 进一步提出“分形”（fractal）这一术语，在此基础上，Mandelbrot 在 1982 年出版了《大自然界的分形几何学》（*The Fractal Geometry of Nature*）一书，详细地介绍了分形几何理论以及在其他科学领域上的应用。

分形理论具有三个性质，分别为自相似性、自仿射性以及无标度性。维数是几何理论中最重要的参数，是表征不规则几何体在空间中的量度。在欧式几何中，维数被定义为拓扑维数，表征几何对象中一个点的位置的独立坐标个数，其中点被看作一维、直线被看作二维，把具有空间的物体（长、宽、高）看作三维，是保持不变的整数，但不能表征弯转、扭曲的空间形态。而在分形理论中，维数被定义为分形维数，用来表征复杂物体占据的空间大小，对分形现象的复杂性以及不规则性进行刻画。通过剖析细观局部特征,准确度量传统数学方法不能表达的不规则性和复杂性,既可以取整数值,又可以取分数值,这就是分形的特征。当分形维数越大时,分形特征在该尺度空间内就越来越复杂,表现为在三维空间上杂乱无章,分形理论已经被应用到多孔介质的研究中。

岩石作为一种天然的多孔介质,其内部复杂的孔隙网络结构是流体的储集场所以及输运通道,渗流过程与物理力学性质一直是研究人员所关注的重点。如何准确、真实地表征其结构与力学特性也是石油地质工程领域的一个难点。近年来,研究人员发现,大到储层的断裂、裂缝的延伸[图 3-1(a)],小到岩石内部的孔隙分布[图 3-1(b)]、孔隙表面的几何形态,都具有自相似性,符合分形特征。分形理论与岩石力学相结合,运用在分形损伤力学、分形断裂力学、分形流体力学等领域,为岩石力学专家打开了一扇新的大门。

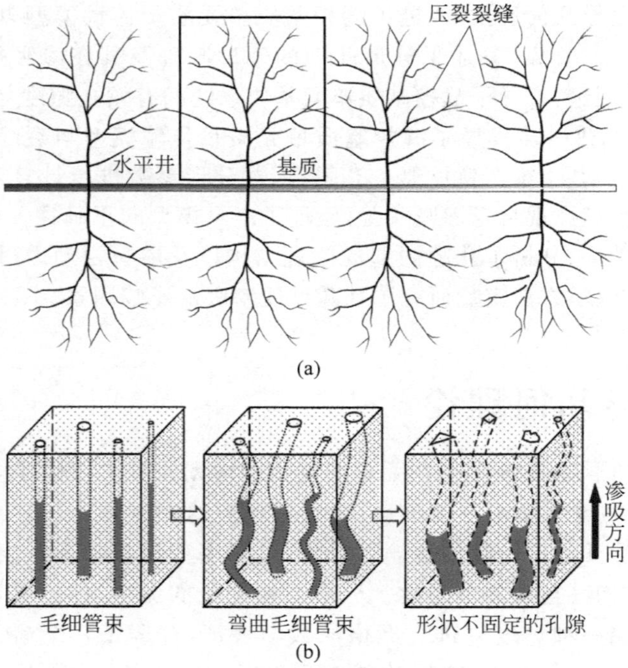

图 3-1 裂缝、孔隙分形特征示意图

(a) 压裂改造后形成的复杂裂缝;(b) 基质毛细管模型

在传统的多孔介质研究中,多用理想的裂缝以及孔隙模型进行相关分析,在空间上表现为直线型,而实际的孔隙形态为不规则的、错综复杂的、弯弯曲曲的。早期的孔隙结构模型以直圆柱管模型为基础,分形几何理论的出现为更加接近真实情况地描述孔隙模型提供了数学基础,弥补了传统数学方法的缺陷,引申出的分形维数,包括孔隙表面分形维数、孔隙分形维数以及迂曲度分形维数,可以更好地刻画孔隙尺度下的孔隙结构。本章基于分形几何理论,推导了考虑束缚水和表面粗糙度影响的缝控基质单元有效孔隙度、渗透率改进模型，在此基础上，推导了缝控基质单元质量传输模型以及裂缝控制范围改进模型。在第 2 章实验的支撑下对模型进行了验证。为孔隙尺度下缝控基质单元流体输运影响因素分析、数值模型建立以及数值模拟研究提供理论基础。

3.2 缝控基质单元分形孔隙度和渗透率模型

在低渗透裂缝性油藏中，流体在缝控基质单元基质系统中的流动非常复杂。在本节中，基于分形理论，对基质系统的有效孔隙度、渗透率进行推导。这些推导基于以下假设：

(1) 流体系统不可压缩；

(2) 整个缝控基质单元是恒温的，并且流体黏度不变；

(3) 流体在基质系统和裂缝系统中的流动为层流，遵循达西定律；

(4) 整个渗吸过程不考虑重力的影响；

(5) 流体在整个流动过程中不考虑吸附和扩散作用的影响；

(6) 不同直径的弯曲毛细管束代表砂岩的孔隙结构，毛细管之间没有交叉流动，每个毛细管的直径和弯曲度是恒定的。

3.2.1 基质中的分形孔隙度模型

孔隙内的几何形状对流体流动有很大影响。如图 3-2 所示，流体在光滑孔隙表面与粗糙孔隙表面的渗流有很大差异，在渗吸过程的研究中，常常忽略孔隙表面粗糙程度对孔径以及渗吸效果的影响。因此孔隙表面光滑的假设不能很好地反映真实孔隙内部结构，实际孔隙表面不是光滑而是粗糙的，可以用粗糙度表征。Yang 等研究发现孔隙表面的粗糙度可以用类锥形单元体以及表面分形维数表示，类锥形粗糙单元的平均高度 h_R 为

$$h_R=\frac{\phi_s\lambda(h_{max})_{\lambda_{min}}}{3\lambda_{min}}\frac{2-D_s}{3-D_s}\frac{1-(d_{min}/d_{max})^{3-D_s}}{1-\phi_s} \tag{3-1}$$

则相对粗糙度(ε)可以定义为

$$\varepsilon=\frac{2h_R}{\lambda}=\frac{2\phi_s(h_{max})_{\lambda_{min}}}{3\lambda_{min}}\frac{2-D_s}{3-D_s}\frac{1-(d_{min}/d_{max})^{3-D_s}}{1-\phi_s} \tag{3-2}$$

式中，h_R 为类锥形粗糙单元的平均高度，μm；ϕ_s 为类锥形粗糙单元总的底面积与整个单元体表面积的比值，无量纲；d 为粗糙单元的底部直径，μm；D_s 为表面分形维数，无量纲。

表面分形维数可以更加真实地反映孔隙内部复杂的表面几何形状，表面分形维数越大，孔隙表面越粗糙。

另外，由图 3-2 也可以看出，除了孔隙表面粗糙度，束缚水膜厚度对流体流动也有显著影响，孔隙表面的束缚水在流体流动时占据着一定的孔隙体积。在考虑表面粗糙度的前提下，单根毛细管内孔隙表面束缚水的厚度可以表示为

$$h_w = r \cdot 0.25763 e^{-0.261r} (\Delta p)^{-0.419} \mu_w \tag{3-3}$$

式中，r 为孔隙半径，μm；Δp 为孔隙中的压力，MPa。

本书利用有效孔径描述孔隙表面粗糙度和束缚水的影响，因此，考虑表面粗糙度和束缚水影响的有效孔隙半径 r_e 为

$$\begin{aligned} r_e &= r - h_R - h_w \\ &= r - \frac{\phi_s \lambda (h_{max})_{\lambda_{min}}}{3\lambda_{min}} \frac{2-D_s}{3-D_s} \frac{1-(d_{min}/d_{max})^{3-D_s}}{1-\phi_s} - \\ &\quad r \cdot 0.25763 e^{-0.261r} (\Delta p)^{-0.419} \cdot \mu_w \end{aligned} \tag{3-4}$$

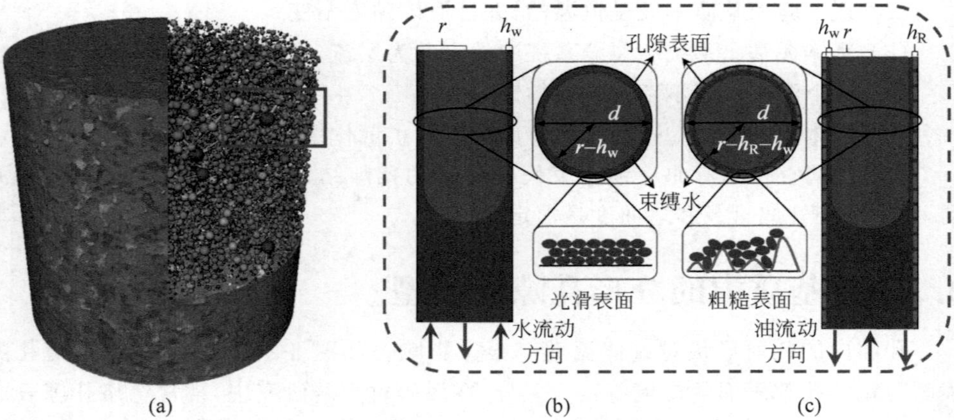

彩图 3-2

图 3-2 孔隙内渗吸示意图

(a) 岩心内孔隙网络；(b) 孔隙光滑表面；(c) 孔隙粗糙表面

进一步，将表面粗糙度和束缚水看作无效孔隙部分，则无效孔隙度 ϕ_{in} 可以表示为无效孔隙体积与整个孔隙体积之比：

$$\phi_{in} = \frac{\pi r^2 H - \pi r_e^2 H}{\pi r^2 H} = 1 - \left(\frac{r_e}{r}\right)^2 = \frac{2(h_R + h_w)}{r} - \left(\frac{h_R + h_w}{r}\right)^2 \tag{3-5}$$

定义 a 为无效孔隙的厚度与孔半径之比：

$$a = \frac{h_R + h_w}{r} = \varepsilon + 0.25763 e^{-0.261r} (\Delta p)^{-0.419} \cdot \mu_w \tag{3-6}$$

式(3-5)可以被改写为

$$\phi_{in} = 2a - a^2 \tag{3-7}$$

根据分形理论，Yu 等提出孔隙度的表达式为

$$\phi = \left[\frac{\lambda_{min}}{\lambda_{max}}\right]^{d_E - D_\lambda} \tag{3-8}$$

式中，λ_{min} 为砂岩基质中最小孔隙直径，μm；λ_{max} 为砂岩基质中最大孔隙直径，μm；d_E 为欧几里得维数，无量纲，三维空间值为 3，二维空间值为 2；D_λ 为孔隙的分形维数，无量纲，可以通过微 CT 图像计算。砂岩样品的三维微 CT 图像显示 D_λ 范围为 1.926～2.746。

结合式(3-7)和式(3-8)，建立了考虑表面粗糙度和束缚水作用的缝控基质单元有效孔隙度模型为

$$\phi_e = \phi - \phi_{in} = \left[\frac{\lambda_{min}}{\lambda_{max}}\right]^{d_E - D_\lambda} - [2a - a^2] \tag{3-9}$$

3.2.2 基质中的分形渗透率模型

1. 基质中的孔隙分形属性

在低渗透砂岩储层中，缝控基质单元基质孔径的分布是满足分形特征的。Mandelbrot 和 Yu 等提出孔隙累积数量 N_λ 与孔径之间的关系遵循分形尺度定律：

$$N_\lambda = \left[\frac{\lambda_{max}}{\lambda}\right]^{D_\lambda} \tag{3-10}$$

式(3-10)对 λ 的区间$[\lambda, \lambda + d\lambda]$求导可得孔隙数量表达式：

$$-dN_\lambda = D_\lambda \lambda_{max}^{D_\lambda} \lambda^{-(D_\lambda + 1)} d\lambda \tag{3-11}$$

Cai 等在此基础上，考虑岩心基质的孔隙度与特征长度，推导了孔隙数量变化的表达式：

$$-dN_\lambda = \frac{4A}{\pi \lambda_{max}^{2-D_\lambda}} \frac{(2 - D_\lambda)\phi}{(1 - \phi)} \lambda^{-(D_\lambda + 1)} d\lambda \tag{3-12}$$

式中，A 为基质总的横截面面积，μm^2。

2. 基质中的渗透率模型

根据假设，流体在孔隙中流动过程中，流体传输遵循达西流动。流体沿着孔径为 λ 的单个直毛细管的体积流量 q 见 Hagen-Poiseuille(H-P)方程：

$$q(\lambda) = \frac{\pi}{128} \frac{\lambda^4}{\mu} \frac{\Delta p}{L_0} \tag{3-13}$$

式中，L_0 为特征长度，m。

Wang 等修正了 H-P 方程，得到一根弯曲毛细管中的流体流量为

$$q(\lambda) = \frac{\pi}{32(D_\tau + 3)} \frac{\lambda^{D_\tau + 3}}{\mu} \frac{\Delta p}{L_0 D_\tau} \tag{3-14}$$

式中，D_τ 为迂曲度分形维数，无量纲，$1 < D_\tau < 3$。

在本书中，由于考虑了孔隙表面粗糙度以及束缚水对孔隙内流动通道的影响，

则式(3-14)可变换为

$$q(\lambda_e)=\frac{\pi}{32(D_\tau+3)}\frac{\lambda_e^{D_\tau+3}}{\mu}\frac{\Delta p}{L_0 D_\tau} \tag{3-15}$$

通过对式(3-15)在 $\lambda_{min}\sim\lambda_{max}$ 上积分，得到基质中总的体积流量 Q_m 表达式为

$$Q_m=\int_{\lambda_{min}}^{\lambda_{max}} q(\lambda_e)(-\mathrm{d}N_{\lambda_e}) \tag{3-16}$$

将式(3-12)和式(3-15)代入式(3-16)中，式(3-12)中的孔隙度由有效孔隙度代替，可以得到

$$Q_m=\frac{A\phi_e(D_\lambda-2)\lambda_{max}^{D_\tau+1}\Delta p}{8\mu L_0 D_\tau(D_\tau+3)(D_\tau+3-D_\lambda)(1-\phi_e)}\left[1-\left(\frac{\lambda_{min}}{\lambda_{max}}\right)^{D_\tau+3-D_\lambda}\right] \tag{3-17}$$

如果 $1<D_\tau<3$，$2<D_\lambda<3$，并且 $\lambda_{min}/\lambda_{max}<10^{-3}$，则 $1-(\lambda_{min}/\lambda_{max})^{D_\tau+3-D_\lambda}\approx 1$。式(3-17)被简化为

$$Q_m=\frac{A\phi_e(D_\lambda-2)\lambda_{max}^{D_\tau+1}}{8\mu L_0 D_\tau(D_\tau+3)(D_\tau+3-D_\lambda)(1-\phi_e)}\Delta p \tag{3-18}$$

根据达西定律，考虑表面粗糙度和束缚水影响，建立了缝控基质单元基质的渗透率表达式：

$$k_m=\frac{\mu L_0 Q_m}{\Delta p A}=\frac{\phi_e(D_\lambda-2)\lambda_{max}^{D_\tau+1}}{8D_\tau(D_\tau+3)(D_\tau+3-D_\lambda)(1-\phi_e)} \tag{3-19}$$

3.3 缝控基质单元分形质量传输与裂缝控制模型

3.3.1 基质中的质量传输模型

根据假设，流体在单根圆形毛细管中的流动可以由 H-P 方程表示：

$$\frac{\mathrm{d}(L_f)}{\mathrm{d}t}=\frac{\lambda^2}{32\mu L_f}(p_c+p_h) \tag{3-20}$$

式中，L_f 为 t 时刻在单根圆形毛细管中流体的渗吸长度，m；p_c 为毛管力，MPa；p_h 为裂缝中的水力压力，MPa。

流体进入孔隙的毛管力应服从 Young-Laplace 方程：

$$p_c=\frac{2\sigma\cos\theta}{r} \tag{3-21}$$

Backeberg 和 Shi 等定义毛细管迂曲度 τ 为弯曲毛细管长度 L_f 与直毛细管长

度 L_s 的比值：

$$\tau=\frac{L_f}{L_s} \tag{3-22}$$

因此，考虑裂缝中有水力压力参与以及主要驱动力为毛管力的单根毛细管渗吸的质量 m 可以表示为

$$m=\frac{\rho_w \pi\lambda^2}{4}\sqrt{\frac{8\lambda\sigma\cos\theta+2\lambda^2 p_h}{32\mu}}\sqrt{t} \tag{3-23}$$

在缝控基质单元基质系统中，存在 n 个不同孔径大小的毛细管，根据式(3-23)，总的渗吸质量 M_i 的表达式为

$$M_i=\sum_{i=1}^{N} m\times n_i=\sum_{i=1}^{N} n_i\frac{\rho_w \pi\lambda^2}{4}\sqrt{\frac{8\lambda\sigma\cos\theta+2\lambda^2 p_h}{32\mu}}\sqrt{t} \tag{3-24}$$

式中，n_i 为半径为 r_i 的毛细管的数量。

另外，三维空间中的孔隙度可以通过式(3-25)计算：

$$\phi=\frac{V_p}{V_b}=\frac{1}{4}\frac{\sum_{i=1}^{n} n_i\pi\lambda^2 L_f}{AL_s}=\frac{\tau\pi}{4A}\sum_{i=1}^{n} n_i\lambda^2 \tag{3-25}$$

将式(3-25)变形可得

$$\sum_{i=1}^{n} n_i\lambda^2=\frac{4A\phi}{\tau\pi} \tag{3-26}$$

结合式(3-24)和式(3-26)，则总的渗吸质量的表达式可变为

$$M_i=\frac{\rho_w A\phi}{\tau}\sqrt{\frac{8\lambda\sigma\cos\theta+2\lambda^2 p_h}{32\mu}}\sqrt{t} \tag{3-27}$$

其中，总的毛细管的横截面面积 A 可以通过式(3-28)计算：

$$A=\frac{\phi}{\tau} \tag{3-28}$$

最终，引入前文改进的有效孔隙度 ϕ_e 和有效孔隙直径 λ_e 代替孔隙度 ϕ 和平均直径 λ。将式(3-4)、式(3-9)和式(3-28)代入式(3-27)中，推导得到一个新的考虑了孔隙表面粗糙度、束缚水膜厚度、裂缝中水力压力以及驱动力为毛管力的缝控基质单元渗吸质量数学模型：

$$\begin{aligned} M_i&=\frac{\rho_w \phi_e^2}{\tau^2}\sqrt{\frac{8\lambda_e\sigma\cos\theta+2\lambda_e^2 p_h}{32\mu}}\sqrt{t}\\ &=\frac{\rho_w\left\{\left[\frac{\lambda_{\min}}{\lambda_{\max}}\right]^{d_E-D_\lambda}-\left[2a-a^2\right]\right\}^2}{\tau^2}\sqrt{\frac{8\lambda_e\sigma\cos\theta+2\lambda_e^2 p_h}{32\mu}}\sqrt{t} \end{aligned} \tag{3-29}$$

所提出的改进式(3-29)在考虑孔隙表面粗糙度、束缚水、裂缝中的水力压力和毛管力的影响方面优势更加明显。需要指出的是，该质量传输模型由最大孔径

λ_{max}、最小孔径 λ_{min}、孔隙表面分形维数 D_s、孔隙分形维数 D_λ 以及毛细管迂曲度 τ 等参数表征。这些参数在一定程度上可以定量描述复杂的孔隙结构。因此，本书提出的模型适用于不同孔喉半径的缝控基质单元基质系统。

此外，该模型还可以用来研究缝控基质单元的微观渗吸机理，包括裂缝系统和基质系统。当裂缝中存在水相，基质中存在油相时，裂缝与基质相互接触的情况下，在驱动力作用下才可以进行质量交换。未开启的天然裂缝在未连接到裂缝网络的情况下无法有效产油，因此该模型不适用于这种情况。

3.3.2 缝控基质单元裂缝控制模型

裂缝中流体(润湿相)的渗吸深度是评价渗吸效果的重要参数之一。在渗吸过程中，润湿相由裂缝系统被吸入基质系统中，吸入的深度即为此条裂缝所控制基质系统的范围。因此，要弄清楚目标裂缝的控制区域，推导出缝控基质单元裂缝控制模型，从而可以为低渗透裂缝性油藏二次渗吸采油开采的裂缝区域划分提供理论指导。

根据式(3-29)，在 t 时刻，累积渗吸的总质量除以流体密度和基质孔隙度，便可以得到渗吸过程中润湿相流体被吸入基质系统的平均深度 L_i，变换后表达式为

$$L_i = \frac{\left[\dfrac{\lambda_{min}}{\lambda_{max}}\right]^{d_E - D_\lambda} - [2a - a^2]}{\tau^2} \sqrt{\frac{8\lambda_e \sigma \cos\theta + 2\lambda_e^2 p_h}{32\mu}} \sqrt{t} \tag{3-30}$$

3.4 孔隙相关参数获取与模型验证

根据第 2 章的实验结果，经过处理后的图像重构三维孔隙结构[图 2-19(a)和(d)]可以直观清晰地显示孔隙网络的复杂性。岩心样品的孔径参数、分形参数可以由三维孔隙网络图像计算得到。本节基于微 CT 图像计算孔径参数，如平均孔径大小、最大和最小孔径等；另外通过图像还计算了分形参数，如孔隙表面分形维数、孔隙分形维数等，为模型验证提供基础参数。

3.4.1 利用微 CT 图像获取孔径参数

孔径是指岩心中孔隙直径的大小，可以有效表征岩心孔隙结构特征。在岩石形成过程中，其内部的孔隙网络错综复杂，非均质性强，导致岩心孔径大小各不相同。因此，若要准确地表征岩心孔径大小，需要综合平均孔径、最大孔径以及最小孔径描述孔径。孔径测量计算的方法有很多，例如气测法、液测法、压汞法、核磁共振实验法等。通过微 CT 图像，可以计算孔径参数，此方法的优势在于计算准确、便捷，不会对岩心造成损伤。

岩石的孔径一般指孔隙的等效直径或半径。采用 Separate 算法将相互连接的

大孔道[图 3-3(a)],利用劈分线[图 3-3(b)]切割成相互独立的小孔[图 3-3(c)]。此算法的优势在于,在不改变孔隙直径统计计算的基础上,减小了计算量,使计算更加迅速、准确。基于前文岩心 A-1 和岩心 A-2 孔隙三维重构图像,分别对平均孔径、最大孔径以及最小孔径进行统计计算,计算结果见表 3-1。

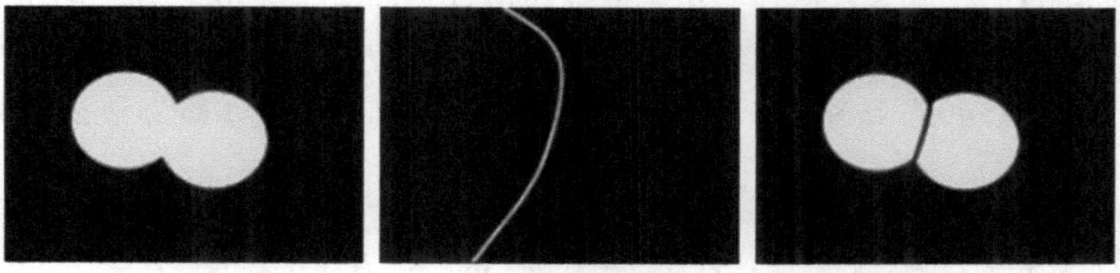

(a)　(b)　(c)

图 3-3　图像劈分处理

(a) 孔隙相互连接;(b) 劈分线;(c) 劈分后独立孔隙

表 3-1　基于微 CT 图像的孔径参数

参　　数	A-1	A-2
平均孔径 $\lambda/\mu m$	12.7425	9.1736
最大孔径 $\lambda_{max}/\mu m$	26.5640	30.2580
最小孔径 $\lambda_{min}/\mu m$	1.9503	2.3680

3.4.2　利用微 CT 图像获取分形参数

基于 2.2.3 节中微 CT 图像以及图像处理后所提取的三维孔隙结构,在本节将利用 Avizo™ 软件对毛细管迂曲度以及分形参数进行计算。

1. 毛细管迂曲度计算

岩心内部存在大量相互连通的孔隙,形成许多不同截面的弯曲毛细管束。迂曲度可以反映毛细管束的弯曲程度,是描述渗流通道的一个重要参数,其定义是孔隙路径的长度与其两端直线距离之比。基于 CT 图像的毛细管迂曲度计算原理为:每个平面上的质心沿二值三维图像的 Z 轴形成路径的弯曲度。也就是说,孔隙路径的长度由图像上两个孔隙的质心计算得出,沿 Z 轴两端之间的距离由 Z 轴上的平面数给出。首先,计算图像各平面的质心,然后计算通过质心的路径长度,利用此长度除以 Z 轴上的平面数就可以获得迂曲度,如图 3-4 所示。

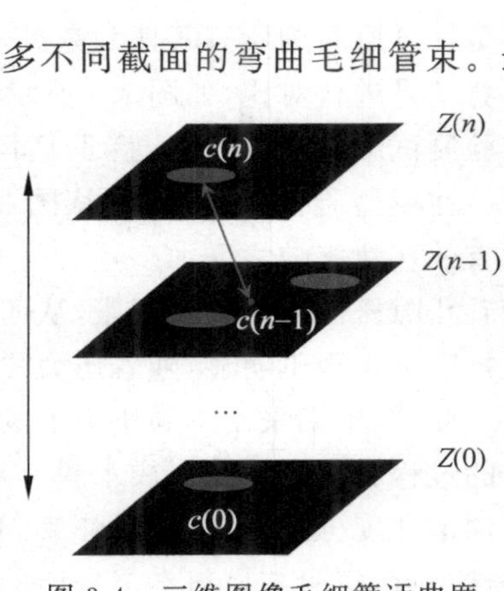

图 3-4　三维图像毛细管迂曲度计算原理图

彩图 3-4

2. 分形维数计算

根据分形理论，特定的研究对象可以用不同的分形维数表示。例如本书中的孔隙分形维数、孔隙表面分形维数以及迂曲度分形维数。采用计盒维数方法对分形维数进行计算，其基本原理为在三维结构中首先构造一个边长为 a 的小立方体盒子，然后对应地变换不同的边长值 a，形成若干小立方体盒子并统计数量 $N(a)$，最后绘制 $\lg N(a)$ 与 $\lg N(1/a)$ 之间关系的散点图，其回归斜率即为分形维数：

$$D=\lim_{a\to 0}\frac{\lg N(a)}{\lg(1/a)} \tag{3-31}$$

式中，D 为分形维数，无量纲；a 为盒子边长，m；N 为盒子数量，个。

基于岩心 A-1 和岩心 A-2 的孔隙三维重构图像，所有分形参数计算结果见表 3-2。

表 3-2 基于微 CT 图像的分形参数

参　　数	A-1	A-2	参　　数	A-1	A-2
毛细管平均迂曲度 τ	2.71	2.54	孔隙分形维数 D_λ	2.396	2.389
表面分形维数 D_s	1.65	1.65	迂曲度分形维数 D_τ	2.760	2.410

3.4.3 有效孔隙度模型验证

首先，对所建立的有效孔隙度模型进行验证。前文通过岩心微 CT 图像计算获得了 $\lambda_{\min}$、$\lambda_{\max}$ 以及 D_λ 等参数。根据 Li 以及 Pfund 等的研究，粗糙单元的最大高度与毛细管直径之比分别在 0.12～0.17 和 0.018～0.114 之间。本书参考已有文献，$2(h_{\max})\lambda_{\min}/\lambda_{\min}$ 取值为 0.1，$d_{\min}/d_{\max}$ 取值为 0.2，所有类锥形总基底面积与单元体总表面积的比值 ϕ_s 分别为 0.60 和 0.65，盐水的动态黏度为 1.0 mPa・s。模型计算所需的所有其他参数见表 3-1 和表 3-2。将实验室测量结果与式(3-9)的计算结果进行对比，如图 3-5 所示。从图中可以看出，模型计算结果的拟合曲线与实验测试结果吻合较好，验证了本书所提出的有效孔隙度模型的可靠性。

在模型验证的基础上，从图 3-5 中可以看出，随着孔隙压力的增加，基质系统的有效孔隙度随之增加。这种变化趋势可以解释为：根据有效应力原理，孔隙会随着孔隙压力的增大而膨胀，从而导致有效孔隙度的增大。并且，这种效应在低压力梯度下表现不明显，随着压力梯度逐渐增大，这种效应越加显著。

此外，本书采用不同压力下的饱和水法测量样品孔隙度，在这种情况下，饱和水的过程会在孔壁上形成水膜。对于岩心 A-1 和岩心 A-2，抽真空后岩心样品的含油饱和度分别为 95.6%和 96.4%，束缚水饱和度分别为 4.4%和 3.6%。考虑到这一点，实验结果与本书提出的模型计算结果吻合较好，本书所提出的模型可以更加准确地揭示孔隙尺度下有效孔隙度变化的微观机理。

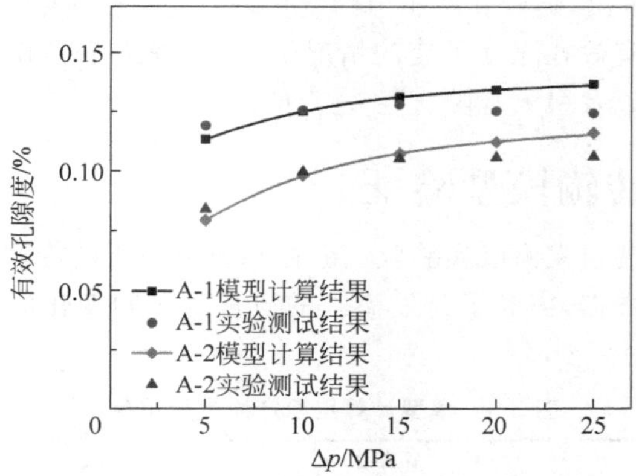

彩图 3-5

图 3-5 有效孔隙度计算与实验数据对比图

3.4.4 渗透率模型验证

随后，通过对比实验数据验证渗透率模型的正确性。渗透率模型计算所用到的所有参数见表 3-1 和表 3-2。采用 CMS-300 型岩心分析装置进行气测渗透率实验。该装置集成了基于 Darcy-Klinkenberg 综合计算模型理论和改进的波义耳定律的渗透率计算软件。因此，渗透率测试考虑了 Klinkenberg 气体滑脱效应。实验测试数据与式(3-19)计算结果绘制在图 3-6 中，由图中可以看出，所提出的渗透率模型与实验数据有一定的差异，造成这种差异的原因是在岩心渗透率测试过程中，只考虑了气体压力对渗透率的影响，而本书所提出的模型还考虑了孔隙结构对渗透率的影响。并且，对比两块岩心，这种差异在高孔渗的岩心中表现更加明显，但模型计算结果与实验数据趋势是一致的。

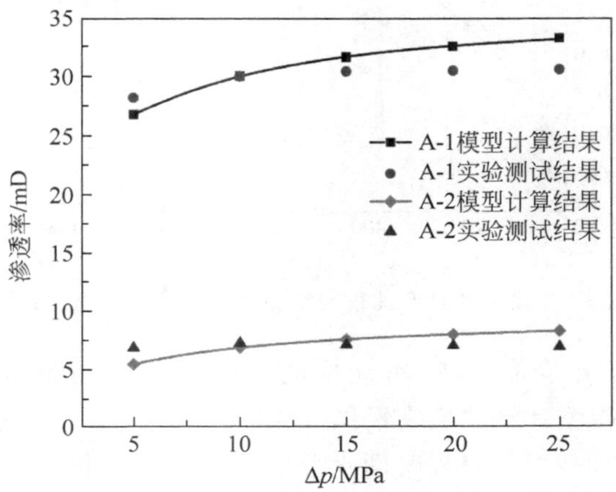

彩图 3-6

图 3-6 渗透率计算与实验数据对比图

由图 3-6 可以看出，随着孔隙压力的变化，基质渗透率表现出与有效孔隙度一致的变化趋势。当有效孔隙度不变的情况下，基质渗透率受孔隙分形维数 D_λ、迂曲度分形维数 D_τ，以及最大孔隙直径 λ_{max} 的影响。

3.4.5 质量传输模型验证

通过第 2 章微观自发渗吸实验验证缝控基质单元质量传输模型的正确性。根据 2.3.2 节的实验数据，得到了自发渗吸的质量随时间变化的关系曲线。模型计算所用参数见表 3-3。

表 3-3 模型计算累积产油量所用参数

参数	A-1	A-2	参数	A-1	A-2
渗吸流体密度 $\rho/(g\cdot cm^{-3})$	1.0	1.0	接触角 $\theta/(°)$	21.09	20.49
表面张力 $\sigma/(N\cdot m^{-1})$	0.05	0.05	裂缝中水力压力 p_h/MPa	0.7	0.7

实验数据与模型计算结果见图 3-7，本书模型计算结果和实验数据绘制在左侧纵坐标上，Cai 等的模型计算结果绘制在右侧纵坐标上。从图中可以观察到，随着时间增加，渗吸累积产油量不断增加。式(3-29)所计算的结果与实验结果和 Cai 等提出的模型比较，具有相同的趋势。考虑到使用的岩心样品不同，数值上的偏差是可以接受的。此外，本书所提出的模型优势在于，在孔隙尺度上考虑了孔隙内部结构和水力压力，而 Cai 等的研究忽略了水力压力的影响。

彩图 3-7

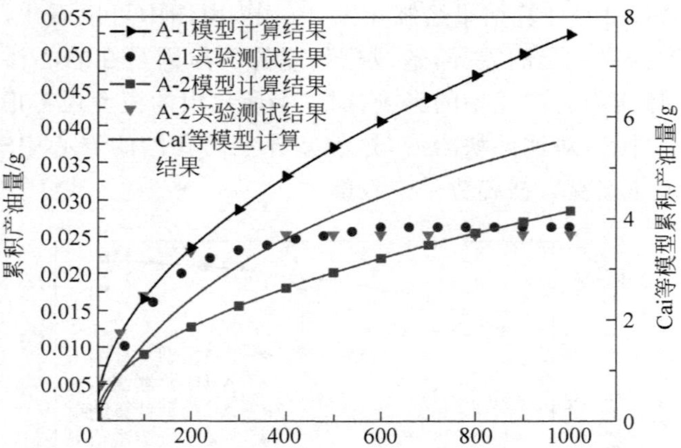

图 3-7 模型计算产油量与实验数据和现有模型对比图

对于岩心 A-1 和岩心 A-2，实验中的最终累积产油量分别为 0.02633 g、0.02528 g，所提出模型计算的最终累积产油量分别为 0.05235 g、0.02852 g。岩心 A-1 和岩心 A-2 在曲线上的临界时间点分别为 100 min 和 50 min，在临界时间点之前，实验数据与模型计算结果吻合较好，实验累积产油量略高于理论模型计算结果，这是因为实验初期阶段，岩石表面附着大量的原油，在渗吸开始时，这部分原油会瞬间脱离岩心被开采出来，导致累积产油量略大；在临界时间点之后，模型计算的累积产油量继续增加，而实验测试结果则慢慢趋于平衡，最终不再变化。一方面，毛管力 p_c 参与的渗吸过程已经停止，但裂缝中水力压力 p_h 继续将润湿相液体驱入基质中，整个渗吸过程是 p_c 和 p_h 共同作用的结果。另一方面，在实验中，当渗吸水相到达岩心样品顶部时(无流边界)，渗吸速率会减慢，最终趋于平衡，而模型计算没有设置边界条件，因此累积产油量会继续增加。

值得注意的是，对于岩心 A-1，在 $t=200$ min 之前，实验数据略低于模型所计算的产油量，在 $t=200$ min 之后，模型所计算的产油量远远高于实验数据；而对于岩心 A-2，在 $t=800$ min 之前，实验数据远远高于模型所计算的产油量，在 $t=800$ min 之后模型所计算的产油量开始高于实验数据。造成这种现象的原因是两块岩心样品孔隙度的不同(岩心 A-1 孔隙度大于岩心 A-2 孔隙度，见表 2-2)，由于岩心 A-1 的孔隙度相对较大，裂缝中水力压力 p_h 更容易将水压入岩石中，对渗吸采收率的贡献较大，导致理论计算结果较大；而对于孔隙度相对较小的岩心 A-2，裂缝中水力压力 p_h 所提供的驱动力效果较弱，导致理论计算结果较小。

3.4.6 裂缝控制范围模型验证

为了验证裂缝控制范围模型的正确性，利用式(3-30)分别计算了渗吸过程中岩心 A-1 和岩心 A-2 润湿相液体被吸入的平均深度 L_i 随着时间的变化曲线[图 3-8(a)]，并与 Zhong 等所提出的平均渗吸深度模型[图 3-8(b)]进行比较。虽然用于模型计算的岩心参数不同，导致最终的渗吸深度有差异，但是整体趋势一致，说明本书所提出的缝控基质单元裂缝控制模型是正确的。图 3-8(a)显示了与图 3-7 相同的趋势，裂缝控制范围是累积渗吸质量的函数，随着累积产油量的增加，平均渗吸深度也随之增加。

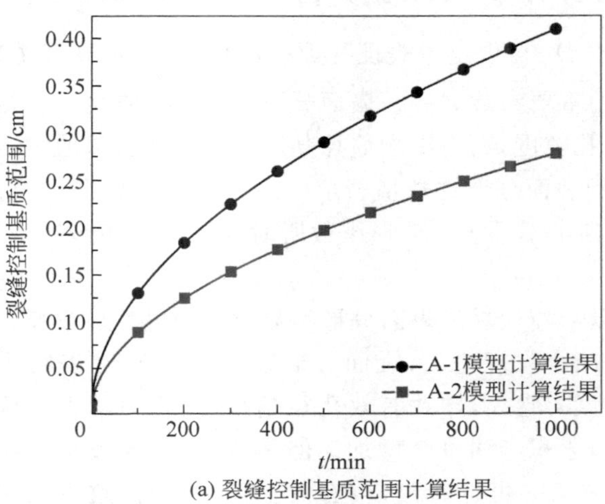

(a) 裂缝控制基质范围计算结果

彩图 3-8

图 3-8　裂缝控制基质范围计算结果与存在模型对比图

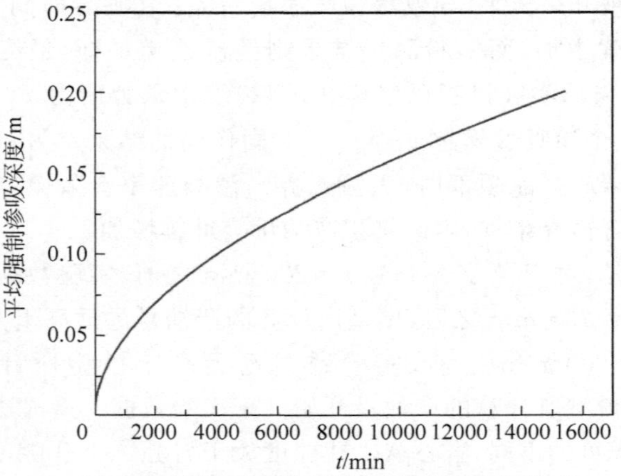

(b) Zhong等提出的平均强制渗吸深度模型计算结果

图 3-8(续)

3.5 基于分形理论的缝控基质单元微观渗吸机理

为了更加深入地研究孔隙尺度下缝控基质单元在渗吸过程中的机理，基于推导以及验证的数学模型，本节对缝控基质单元质量传输模型的关键参数进行敏感性分析。根据式(3-29)，累积渗吸质量受孔隙表面分形维数 D_s、孔隙压力 Δp、孔隙分形维数 D_λ、裂缝中水力压力 p_h 以及毛细管迂曲度 τ 的影响。

3.5.1 表面分形维数的影响

表面分形维数 D_s 可以定量表征孔隙表面粗糙度，反映孔隙表面的复杂程度，是表征孔隙结构的重要参数之一。表面分形维数 D_s 的大小直接影响孔隙有效半径，进而影响有效孔隙度，最终影响缝控基质单元的渗吸采收率。对岩心 A-1 和岩心 A-2 选取不同的表面分形维数值(D_s=1.55、1.65、1.75)进行计算分析。利用式(3-29)，计算得到了不同表面分形维数所对应的累积渗吸产油量曲线，并绘制在图 3-9 中。

通过曲线可以清晰地看出表面分形维数对渗吸过程较敏感。随着分形维数的增大，累积产油量减小。理论上，表面分形维数 D_s 越大，表明孔隙表面结构越复杂，孔隙表面粗糙度 ε 越大，导致有效孔径越小，毛管力越大。从渗吸驱动力的角度看，毛管力越大，累积产油量会增加。但是，有效孔径减小意味着孔隙中的油储存量相应减小，从图 3-9 可以看出，当有效孔径减小时，这种效应起主导作用。因此，累积产油量减少。

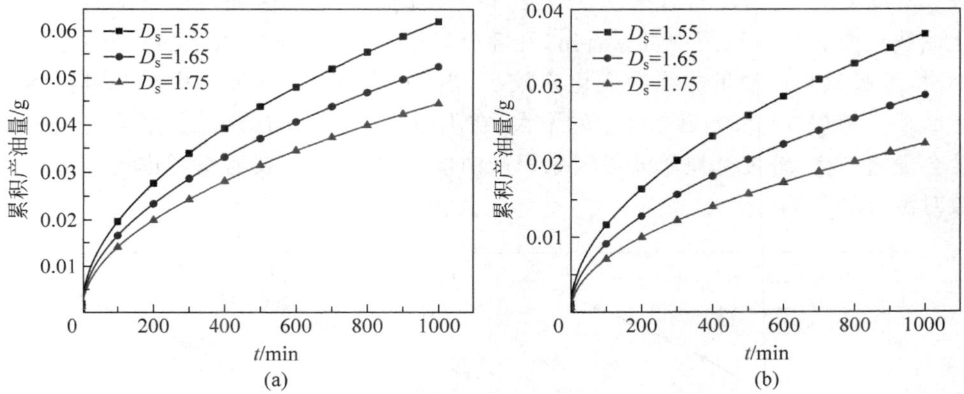

彩图 3-9

图 3-9　不同表面分形维数下产油量曲线

(a) 岩心 A-1 累积产油量；(b) 岩心 A-2 累积产油量

3.5.2　孔隙压力的影响

模型中也考虑了孔隙压力 Δp 对缝控基质单元渗吸效果的影响。对于岩心 A-1 和岩心 A-2，在不同孔隙压力下($\Delta p=5$ MPa、10 MPa、15 MPa)渗吸累积产油量随时间的变化关系曲线被绘制在图 3-10 中，清晰地反映了随着孔隙压力的增加，缝控基质单元渗吸累积产油量增加。其原因是根据有效应力原理，随着孔隙压力的增大孔隙会发生膨胀，从而导致有效孔隙度的增加。根据式(3-29)，渗吸累积产油量增加。

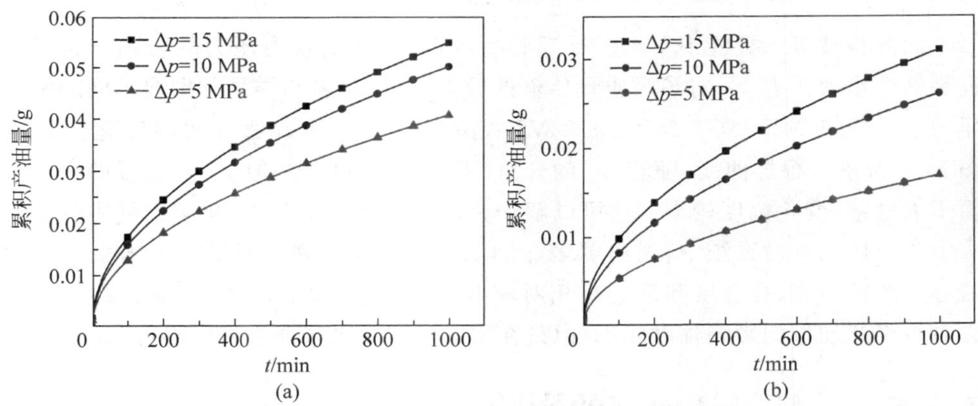

彩图 3-10

图 3-10　不同孔隙压力下产油量曲线

(a) 岩心 A-1 累积产油量；(b) 岩心 A-2 累积产油量

3.5.3　孔隙分形维数的影响

为了分析孔隙分形维数对渗吸累积产油量的影响，两块岩心分别取值为 $D_\lambda=$

2.2、2.396、2.5 和 $D_\lambda=2.28$、2.389、2.48。不同 D_λ 下的累积产油量随时间的变化曲线见图 3-11。从图中可以看出，孔隙分形维数 D_λ 是非常敏感的。当 D_λ 值较小时，渗吸累积产油量曲线的变化率较小，当 D_λ 较大时，渗吸累积产油量曲线变化明显。根据式(3-9)，随着 D_λ 的增大，在不改变毛管力的前提下，平均有效孔隙度会随之变大，缝控基质单元渗吸累积产油量越大。因此，要着重考虑孔隙分形维数对渗吸的影响。

彩图 3-11

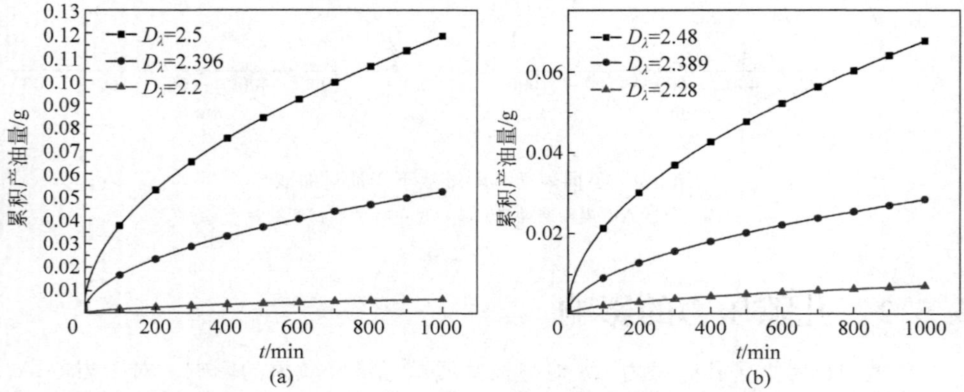

图 3-11 不同孔隙分形维数下累积产油量曲线

(a) 岩心 A-1 累积产油量；(b) 岩心 A-2 累积产油量

3.5.4 裂缝中水力压力的影响

润湿相被吸入裂缝中不仅仅受毛管力的驱动，还受水力压力的影响。为了研究裂缝中水力压力 p_h 对渗吸质量传输的影响，对两块岩心样品分别取不同的水力压力 $p_h=0.6$ MPa、0.7 MPa、0.8 MPa，渗吸累积产油量随时间的变化曲线如图 3-12 所示。根据曲线，随着 p_h 的升高，累积产油量增加，但 p_h 对渗吸的质量传输不太敏感，变化幅度较小。这可以解释为，水力压力 p_h 越大，更多裂缝中的水被水力压力压入基质系统中，因而更多非润湿相被置换出来。但是由于本书所用的岩心是致密砂岩，孔隙度和渗透率相对较低，相对于主要驱动力(毛管力)，水力压力对最终产油量的影响幅度较小，但是在实际油田渗吸采油过程中不可忽略。

3.5.5 毛细管迂曲度的影响

毛细管在基质中的分布并非为垂直的圆管，而是弯曲的。毛细管迂曲度 τ 可以定量解释这种弯曲的程度，这样可以使本书的研究更加接近真实情况。分别对岩心 A-1 和岩心 A-2 选取 $\tau=2.60$、2.71、2.85 和 $\tau=2.40$、2.54、2.70 来分析毛细管弯曲程度对渗吸累积产油量的影响。模型计算结果见图 3-13。由图中可以看出，τ 对产油量是较敏感的。随着 τ 的增大，累积产油量减小。这是因为润湿相在

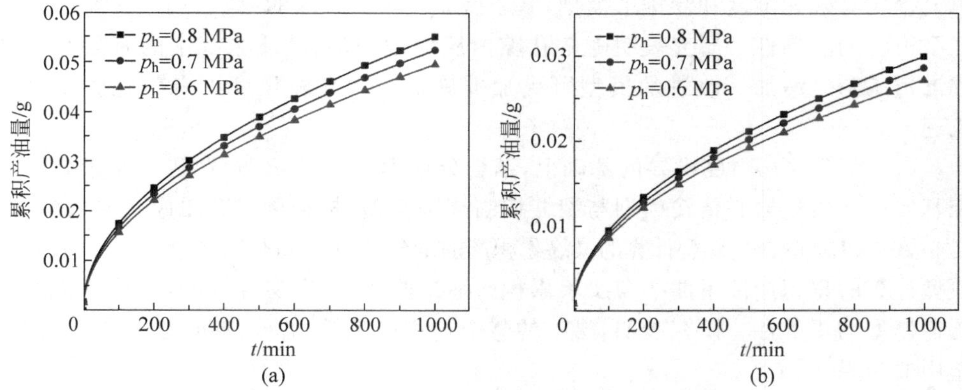

彩图 3-12

图 3-12 不同裂缝中水力压力下累积产油量曲线

(a) 岩心 A-1 累积产油量；(b) 岩心 A-2 累积产油量

驱动力作用下进入毛细管后，当毛细管迂曲度较小时，润湿相可以自由地推动非润湿相在管内流动。然而，当迂曲度较大时，润湿相和非润湿相的流动在弯折处容易中断，进而使渗吸过程停止，最终导致累积产油量下降。

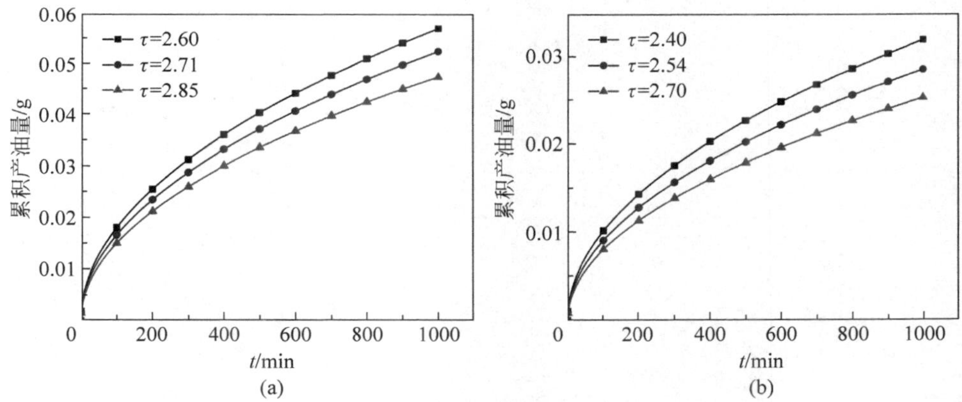

彩图 3-13

图 3-13 不同毛细管迂曲度累积产油量曲线

(a) 岩心 A-1 累积产油量；(b) 岩心 A-2 累积产油量

3.6 本章小结

本章首先介绍了分形几何理论的理论基础以及在渗吸采油领域的应用，然后基于分形理论，考虑孔隙表面粗糙度以及束缚水对孔径的影响，利用数学方法在孔隙尺度下提出了缝控基质单元质量传输模型，结合第 2 章实验数据对模型进行了验证。基于理论模型，利用数学方法研究了孔隙尺度下渗吸的微观影响因素。

(1) 基于分形理论，推导了考虑表面粗糙度和束缚水膜厚度影响的缝控基质单元基质有效孔隙度和渗透率模型，基于微 CT 图像获取的参数，利用实验数据验证了模型的正确性。研究表明随着孔隙内压力的增加，基质系统中的有效孔隙度和渗透率随之增加。改进的模型可更加准确地揭示孔隙尺度下有效孔隙度微观机理。

(2) 在有效孔隙度推导的基础上，结合分形理论与 H-P 方程，进一步推导了缝控基质单元质量岩心传输模型与裂缝控制范围模型，根据微 CT 图像获取的参数，岩心 A-1 和岩心 A-2 模型计算的最终累积产油量分别为 0.05235 g 和 0.02852 g，对比模型计算的累积产油量曲线与实验累积产油量曲线，结果吻合较好，验证了该质量传输模型的正确性。研究表明，渗吸的整个过程是毛管力 p_c 和水力压力 p_h 共同作用的结果。

(3) 通过分析推导的模型发现，基质有效孔隙度主要受表面分形维数 D_s、孔隙压力 Δp、孔隙分形维数 D_λ 的影响；缝控基质单元渗吸累积产油量主要受基质有效孔隙度、裂缝中水力压力 p_h 以及毛细管迂曲度 τ 的影响。

(4) 基于推导的理论模型，分析了表面分形维数 D_s，孔隙压力 Δp，孔隙分形维数 D_λ，裂缝中水力压力 p_h 以及毛细管迂曲度 τ 对渗吸累积产油量的影响。结果表明，D_s 和 τ 越小，Δp、D_λ 和 p_h 越大，渗吸累积产油量越高。

第4章

缝控基质单元岩心尺度模型构建

在渗吸微观机理与影响因素研究的基础上，本章将开展缝控基质单元岩心尺度物理与数值模型构建研究。首先明确缝控基质单元裂缝系统与基质系统特征；然后针对缝控基质单元特征，利用一种新的重构方法建立岩心尺度缝控基质单元物理模型；进一步以建立的物理模型为参考，考虑裂缝形态的影响，建立裂缝模型，利用 Python 语言编程技术，考虑分形参数的影响，建立基质模型，实现基质模型孔隙结构的表征；最后将基质模型与裂缝模型组合，建立二维缝控基质单元岩心尺度数值模型，结合模型网格的划分与流体模型的建立，为进一步开展岩心尺度数值模拟提供模型基础。

4.1 缝控基质单元

在低渗透裂缝性油藏中，利用渗吸采油方法提高油藏的采收率已经被研究人员以及现场工程师所认可。研究人员通过实验、数学模型以及数值模拟研究渗吸过程的机理，最终研究渗吸采油的采收率，而这些研究都是在基质-裂缝系统(缝控基质单元)上进行的，因此渗吸过程所依赖的载体显得至关重要。

如引言所述，缝控基质单元基质系统是原油的主要储存空间，而裂缝是渗吸发生的主要场所，也是流体输送的主要通道。因此，缝控基质单元的概念可以表征渗吸过程发生的位置/载体，基于本书所提出的数学模型可以更好地理解缝控基质单元的定义。渗吸过程的发生需要具备两个系统——裂缝系统和基质系统，两个系统与润湿相和非润湿相所共同组成的单元体称为缝控基质单元(图 4-1)。其定义为，缝控基质单元，是指在低渗透油藏中或通过人工水力压裂的储层中，同时含有裂缝系统和基质系统[图 4-1(a)]的特定单元体。此单元体主要特征为：裂缝系统和基质系统渗透率存在差异；润湿相和非润湿相在毛管力与水力压力作用下发生渗流[图 4-1(b)]，发生质量置换[式(3-29)]，并且单元体裂缝控制一定的基质范围[式(3-30)]，图 4-1 中蓝色箭头表示水相流动方向，红色箭头表示油相流动方向。

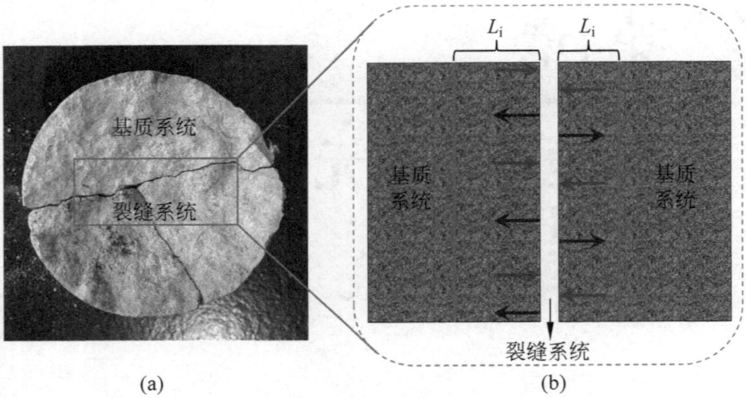

彩图 4-1

图 4-1 缝控基质单元示意图

(a) 缝控基质单元；(b) 缝控基质单元剖面图

4.2 缝控基质单元结构

4.2.1 裂缝系统

润湿相(水)主要存在于裂缝中,与基质进行沟通,被吸入基质用于置换出其中的残余油；被置换出的残余油又回到裂缝中,在裂缝通道内运移至生产井,最终被开采。因此裂缝系统作为缝控基质单元渗吸采油的枢纽,对渗吸采油具有重要的意义。目前,在岩心尺度上的实验多采用一条垂直单裂缝进行渗吸研究,见图 4-2(a),数值模拟更是基于商业软件内置的裂缝模块建立三面体或者四面体片状裂缝网络,由于结构被理想化,并不能真实反映储层裂缝形态,见图 4-2(b)。

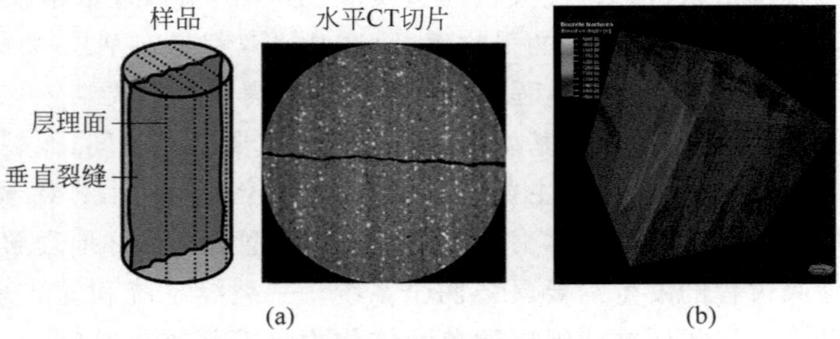

彩图 4-2

图 4-2 裂缝-基质模型示意图

(a) 垂直单裂缝物理模型；(b) 片状裂缝网络数值模型

但是,裂缝也具有分形特征,并不是垂直的规则 n 面体。在人工水力压裂过程中,单条裂缝具有弯曲的形态以及分叉效应。因此首先要明确缝控基质单元裂缝系统的结构特征,才可以进一步实现数值模型构建。裂缝系统的结构特征主要分为以下几个方面。

(1) 裂缝的物性参数。缝控基质单元渗吸产油的必要条件,就是裂缝系统与基质系统具有明显的渗透率差异。这样,裂缝中足够的润湿相(水)才能在毛管力与水力压力作用下,被吸入基质内部。因此,在建立缝控基质单元模型时,裂缝系统与基质系统的渗透率要符合真实储层条件。

(2) 裂缝的分形参数。天然裂缝与水力压裂缝的发育具有自相似特征,因此在建立模型时,需要考虑裂缝迂曲度与裂缝分叉效应的影响,在单条裂缝上呈现弯曲裂缝或者分叉裂缝,在多条裂缝上表现为更加复杂的缝网系统。

4.2.2 基质系统

相比于缝控基质单元裂缝系统,基质系统也具有复杂的结构,体现于储层的复杂性上。在低渗透裂缝性油藏中,残余油主要富集在基质系统中,成为油相的主要储集场所。并且,在复杂的沉积环境下,低渗透储层基质具有很强的非均质性。因此在建立缝控基质单元基质系统的过程中,单纯的均质理想模型已经不能满足研究需求。另外,还需考虑孔隙尺度下孔隙结构对渗吸微观机理的影响,建立符合实际矿场情况的非均质基质系统,这样在与裂缝系统组合的过程中才能更加准确。基质系统的结构特征主要分为以下几个方面。

(1) 基质的物性参数。缝控基质单元渗吸采油的主要驱动力为毛管力,孔径参数以及孔隙结构对渗吸效果影响非常大。根据2.5节,孔径过小为非渗吸区,孔径过大为次主渗吸区;水湿性越强,渗吸效果越好。因此要建立涵盖不同孔径以及复杂孔隙结构的非均质基质系统。

(2) 基质的分形参数。基质内部分布着很多毛细管,这些毛细管与岩石骨架共同组成了缝控基质单元的基质系统。根据3.5节,毛细管也具有分形特征,其弯曲程度、孔隙分形维数等参数对渗吸过程有很大影响。

4.3 缝控基质单元物理模型构建

现场岩心钻探过程中很难获得带有裂缝的岩心,这限制了通过实验室方法研究缝控基质单元的结构特征。因此,在岩心尺度下,本节提出了一种新的缝控基质单元岩心重建方法。结合激光雕刻技术,使用3D打印材料作为支撑材料,设计并雕刻了基质中的裂缝系统。分别对重建前的岩心和重建后的缝控基质单元岩心基质系统进行孔隙度、渗透率、润湿性以及核磁共振 T_2 谱测试,并将实验结果进行对比。另外,开展了重建后的缝控基质单元岩心裂缝渗透率数值模拟计算。通过缝控基质单元物理模型的建立,证明了考虑分形参数建立裂缝系统与基质系统的可行性,为缝控基质单元数值模型的建立提供基础物理模型参考。

4.3.1 实验准备

整个缝控基质单元物理模型重构实验的流程如图 4-3 所示。

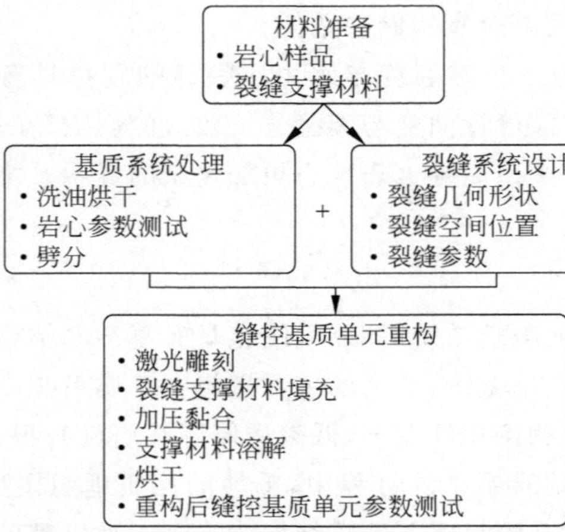

图 4-3 缝控基质单元物理模型重构实验流程

1. 实验设备

岩石切割设备(型号 TXDQ-1T,中科,中国)用来将岩心切割分成相等的两半,设备由计算机程序控制,并配有高精度行走系统。激光雕刻机(型号 A18,睿智,中国)主要用于裂缝系统雕刻,包括三维模型构建系统以及计算机控制的高精度机床控制系统。雕刻过程是全自动的,精度为 0.001 mm。另外,利用第 2 章的孔隙度测试方法、渗透率测试仪器、接触角测试设备以及核磁共振实验设备,对重构前岩心与重建后缝控基质单元岩心的孔渗参数、润湿性以及孔径分布进行测试。

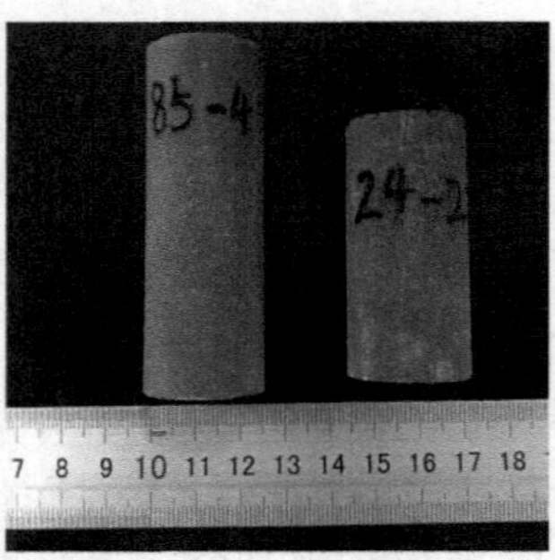

图 4-4 岩心 85-4 和岩心 24-2

2. 材料准备

本书所选取的致密砂岩岩心取自大庆油田葡萄花油层,取心深度分别为 1424.31～1429.50 m 和 1393.50～1402.99 m,岩心样品分别编号为 85-4 和 24-2,如图 4-4 所示,岩心样品的基本参数如表 4-1 所示。

表 4-1 岩心 85-4 和岩心 24-2 基本参数

样品编号	直径/cm	长度/cm
85-4	2.52	7.53
24-2	2.50	5.59

在本书中，选择3D打印材料(PVA)作为岩心压缩黏合过程中的裂缝支撑材料。它的优点有：①水溶性好；②溶解速度快；③以水作为溶解剂不与基质发生化学反应。这些优点确保了在重构过程中岩心的物理性质不发生改变。在开始重构实验前测试了PVA的溶解速率。将PVA放入烧杯中，加入不同温度(30℃、60℃、80℃)的水，如图4-5所示。通过实验现象可以观察到PVA开始软化，随着时间的推移，有絮状物开始脱落，最终变得非常柔软易碎。利用质量法计算不同水温下的溶解程度曲线，如图4-6所示。

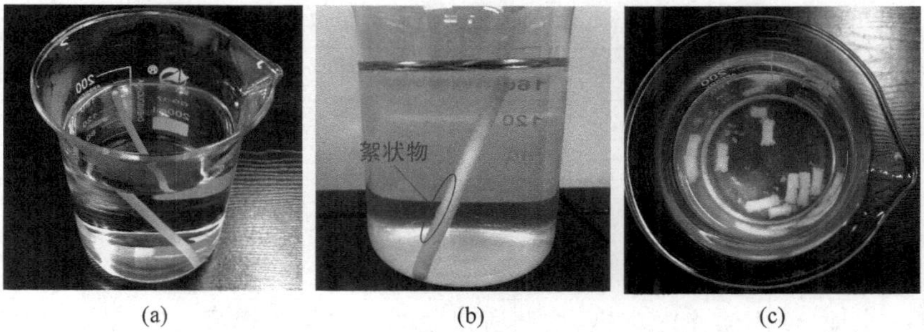

彩图 4-5

图4-5　水溶性材料PVA溶解过程图

(a) 溶液的初始状态；(b) 表面絮状物脱落；(c) 溶解最终状态

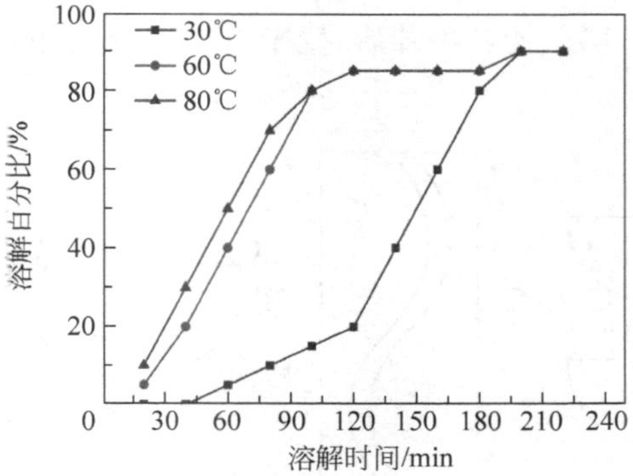

彩图 4-6

图4-6　PVA溶解曲线

从图4-5(a)可以看出，PVA首先吸收水分，然后膨胀。经过一段时间后，PVA表面开始溶解，有明显絮状物脱落[图4-5(b)]，最终溶解成絮状颗粒[图4-5(c)]。如图4-6所示，温度直接影响溶解速率，80℃时溶解程度最高，60℃时其次，30℃时最低，但60℃和80℃时的溶解程度差别不大。因此，考虑到缝控基质单元岩心重构过程操作的方便性，选择60℃的水饱和岩心，溶解PVA。岩心样品在重构前经过洗油和烘干，测量基质的孔隙度、渗透率和润湿性。然后对岩心样品进行抽真空饱和水处理，进行核磁共振 T_2 谱测试。

4.3.2 缝控基质单元岩心重构

在岩心重构实验前，利用激光雕刻机的三维模型构建软件设计了裂缝系统。根据水力裂缝的分形特征，设计了分岔型（Y-型）和弯曲型（S-型）裂缝。在裂缝结构参数方面，Y-型裂缝的分岔角和S-型裂缝的迂曲度不是固定参数，所选的值将填充整个岩心横截面，此外，裂缝的宽度和开度参考了大庆油田的现场资料。裂缝系统设计参数和三维结构如表4-2和图4-7所示。

表 4-2 裂缝系统设计参数

裂缝形状	样品编号	分叉角/(°)	迂曲度(无量纲)	裂缝宽度/mm	裂缝开度/mm
Y-型裂缝	85-4	25	—	3.0	0.5
S-型裂缝	24-2	—	1.131	4.2	0.5

随后将岩心85-4和岩心24-2劈分成相等的两半，如图4-8(a)所示，将PVA切成薄片，制作成裂缝支撑材料备用。

进一步地，使用激光雕刻机，按照所建立的三维结构模型[图4-7(c)]对岩心样品进行雕刻，如图4-8(b)所示。为了减少对岩心样品的损坏，只在其一侧进行雕刻。然后，用制备好的PVA支撑材料薄片填充裂缝，以避免在压缩黏合过程中对雕刻的裂缝造成破坏[图4-9(a)]。沿着岩心的边缘涂抹黏合剂，用热缩管包裹岩心样品后加热[图4-9(b)]，待其冷却后，置于1 MPa条件下放置72 h。

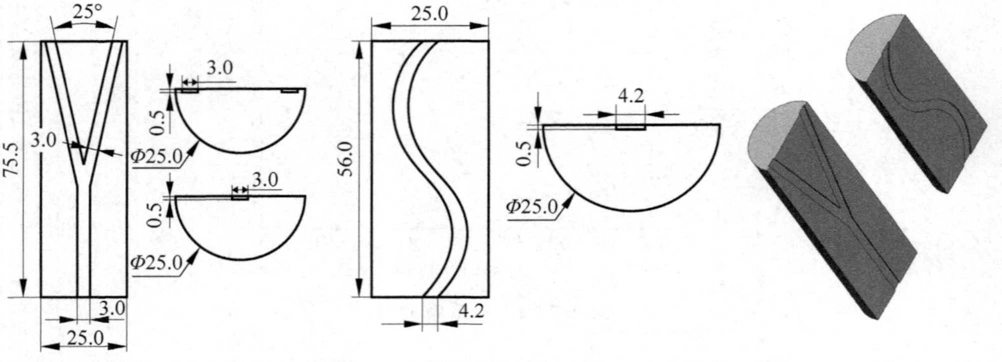

(a) (b) (c)

图 4-7 裂缝系统的设计参数及三维结构图

(a) Y-型裂缝参数；(b) S-型裂缝参数；(c) 两种裂缝三维结构

重构的最后一步，将黏合后的岩心饱和蒸馏水，浸入60℃恒温水浴中。PVA开始溶解，最终冲刷掉PVA支撑材料。将岩心烘干，得到了重构的缝控基质单元岩心。重构后的缝控基质单元岩心的正面以及两端分别如图4-10(a)～(c)所示。

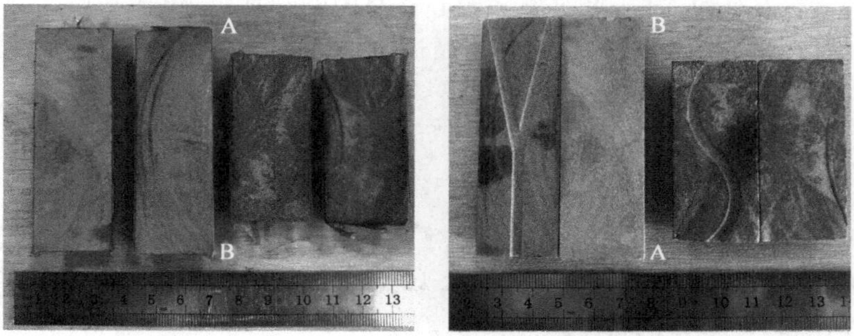

(a)　　　　　　　　(b)

彩图 4-8

图 4-8　缝控基质单元岩心激光雕刻过程

(a) 岩心样品平均劈分成两半；(b) Y-型裂缝和 S-型裂缝激光雕刻

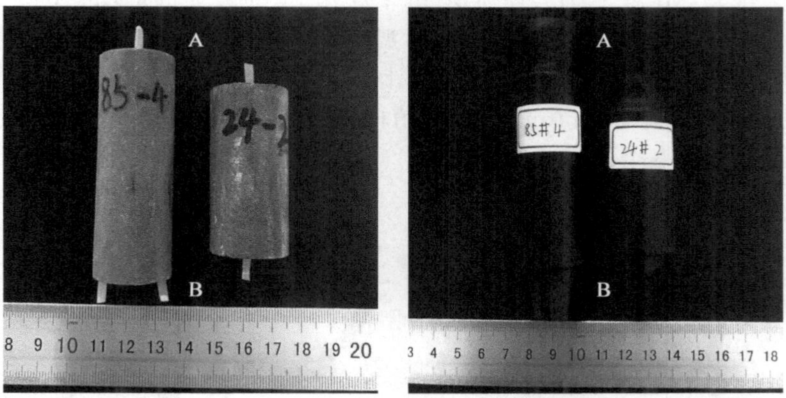

(a)　　　　　　　　(b)

彩图 4-9

图 4-9　缝控基质单元岩心黏合过程

(a) 填充 PVA 支撑材料；(b) 热缩管包裹，加压黏合

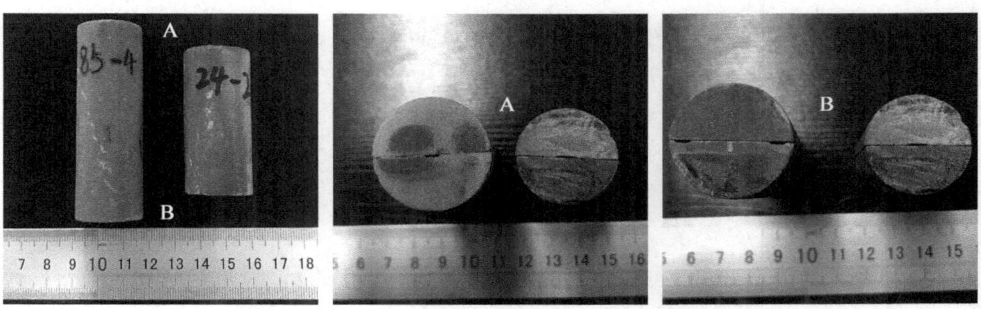

(a)　　　　　　　　(b)　　　　　　　　(c)

彩图 4-10

图 4-10　缝控基质单元重构岩心

(a) 岩心正视图；(b) 岩心 A 端；(c) 岩心 B 端

重构缝控基质单元后，再次测试岩心样品的物理参数，包括基质孔隙度、渗透率、润湿性以及裂缝渗透率，对岩心样品进行饱和水处理，并进行 NMR T_2 谱测试。另外，对裂缝模型进行渗透率模拟。

4.3.3 渗透率数值模拟

利用 COMSOL Multiphysics 软件对 Y-型和 S-型裂缝的渗透率进行了数值模拟。由于实验气测渗透率实验使用气体为 N_2，因此，在数值模拟中根据理想气体状态方程计算 N_2 气体的密度：

$$pV = nRT \tag{4-1}$$

$$\rho_{N_2} = \frac{m}{V} = \frac{28p}{[8314 \times (273 + T)]} \tag{4-2}$$

式中，p 为压力，MPa；V 为气体体积，m^3；n 为气体的物质的量，mol；R 为气体常数，8.314 $J \cdot mol^{-1} \cdot K^{-1}$；$T$ 为热力学温度，K。

在 19℃，25000 Pa 时，N_2 气体密度计算为 0.38 g/cm^3。将 Y-型和 S-型裂缝模型加载到 COMSOL Multiphysics 数值模拟软件中，网格划分选择精细网格，网格的数量为 435165 个（图 4-11）。

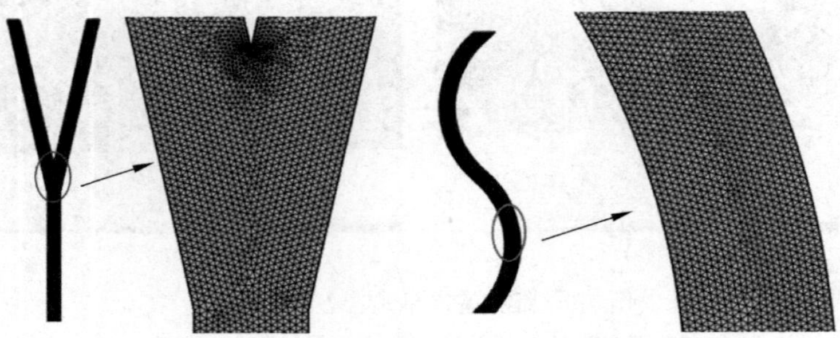

图 4-11 裂缝几何模型以及网格划分示意图

数值模拟计算结果如图 4-12 所示。根据计算结果，得到了 Y-型和 S-型裂缝的出口流量，并根据达西定律计算了裂缝的渗透率。

$$Q = \frac{K_f A(p_0 - p_1)}{\mu L} \tag{4-3}$$

$$K_f = \frac{Q\mu L}{A(p_0 - p_1)} \tag{4-4}$$

式中，Q 为出口流量，cm^3/s；K_f 为裂缝的渗透率，mD；p_0 为进口压力，MPa；p_1 为出口压力，MPa。

渗透率计算结果如表 4-3 所示，数值模拟结果（图 4-12）显示了 Y-型和 S-型裂缝的速度场，表明 Y-型裂缝入口处流体流速很高，分叉处流体流速开始减小；由于没有分叉，S-型裂缝的流动速率在整个过程中基本相等，但在入口处和出口处出现

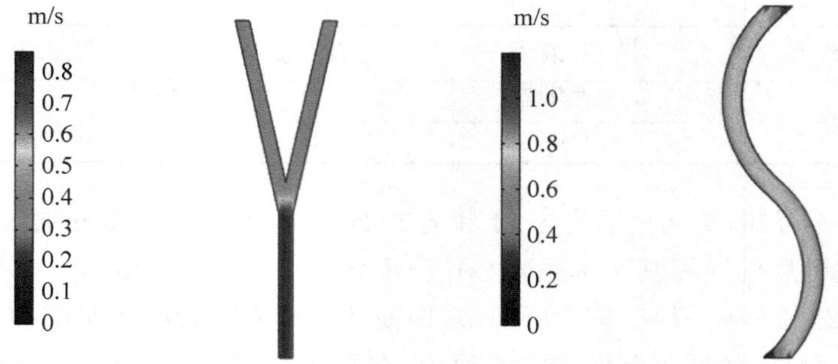

彩图 4-12

图 4-12　裂缝渗透率模拟速度场

两点高速区域，这是由于在此处流体流动相对于另一面来说，没有与孔隙壁面发生相互作用，流速较大。由渗透率计算结果可知，Y-型裂缝的两个分叉出口流量分别为 0.38294 cm^3/s 和 0.38318 cm^3/s，S-型裂缝出口流量为 0.69674 cm^3/s，说明 Y-型裂缝分叉具有分流作用。根据达西定律，计算 Y-型和 S-型裂缝的渗透率分别为 38863.83 mD 和 53347.92 mD。

表 4-3　Y-型和 S-型裂缝渗透率数值模拟计算结果

裂缝形状	样品编号	出口	出口流量/($cm^3 \cdot s^{-1}$)	渗透率/mD
Y-型裂缝	85-4	1	0.38294	38863.83
		2	0.38318	
S-型裂缝	24-2	1	0.69674	53347.92

4.3.4　缝控基质单元物理模型分析

基质孔隙度、渗透率和表面润湿性是评价渗吸能力的重要基本参数。因此，在缝控基质单元岩心重构过程中，保证基质孔隙度、渗透率、表面润湿性与原始岩心的一致性极为重要。本节对比分析了岩心 85-4 和岩心 24-2 重构前后基质性质、Y-型和 S-型裂缝渗透率、孔隙大小和分布等实验测试结果，从而验证了重构方法的正确性与合理性。

1. 基质孔隙度和渗透率

分别测量了缝控基质单元岩心重构前后的基质孔隙度和渗透率，测试结果如表 4-4 所示。

表 4-4　重构前后基质孔隙度和渗透率测量结果

测试状态	样品编号	孔隙度/%	渗透率/mD
重构前	85-4	18.33	2.96
	24-2	12.97	0.85

续表

测试状态	样品编号	孔隙度/%	渗透率/mD
重构后	85-4	17.89	2.84
	24-2	12.01	0.80

由表 4-4 可知，重构前岩心 85-4 和岩心 24-2 的基质孔隙度分别为 18.33%和 12.97%，重构后的缝控基质单元岩心孔隙度分别为 17.89%和 12.01%，变化幅度分别为 0.024%和 0.074%。众所周知，即使两个相同的岩心在相同的测试条件下也有微小的变化，并且在重构压实过程中，在围压作用下岩心孔隙会略有压缩，导致重构后孔隙度略有减小。

渗透率方面，重构前岩心 85-4 和岩心 24-2 的基质渗透率分别为 2.96 mD 和 0.85 mD，重构后分别为 2.84 mD 和 0.80 mD，变化幅度分别为 0.04%和 0.05%。基质渗透率主要受基质孔隙连通性的影响，在重构过程中，基质孔隙度略有降低，在孔隙尺度下，可以理解为一些孔隙被压缩封闭。另外，在饱和水过程中，岩心中的泥质成分溶解，导致一些孔隙被堵塞。这些因素都导致重构后基质渗透率略有下降。然而，基质孔隙度和渗透率在重构前后的微小变化是可以接受的。

2. 基质表面润湿性

基质表面润湿性直接受岩心基质矿物组成的影响，重构前后两块岩心样品的接触角测量值如图 4-13 所示。

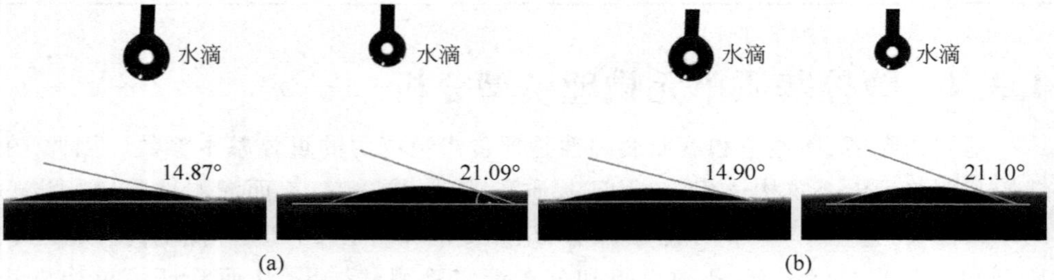

图 4-13 重构前后岩心样品接触角测试图

(a) 重构前岩心 85-4 和岩心 24-2 接触角；(b) 重构后岩心 85-4 和岩心 24-2 接触角

由图 4-13 可知，重构前岩心 85-4 和岩心 24-2 的接触角分别为 14.87°和 21.09°，重构后分别为 14.90°和 21.10°，变化幅度分别为 0.002%和 0.0005%。结果表明基质表面润湿性变化幅度较小，因为在重构过程中，岩心基质表面结构和矿物成分未被破坏。

综上所述，与其他重构方法相比，只通过劈分、雕刻、黏合等工艺处理岩心，尽最大可能地保持了岩心的结构、矿物成分的完整性。另外，使用的黏合剂(岩石专用)和溶解剂(水)与基质均未发生化学反应。这体现在，一方面基质没有受到化学损伤，保证了岩石基质矿物成分完整；另一方面，未引起基质内部孔隙结构的变化。

3. 孔径分布

分别对重构前后岩心 85-4 与岩心 24-2 进行 NMR T_2 谱测试，结果如图 4-14 所示。可以看出，在重构前两块岩心样品 NMR T_2 谱具有多个峰值，表明岩心 85-4 和岩心 24-2 的孔隙分布不均匀。岩心 85-4 的 1、2、3 号峰分别出现在 1×10^2 μs、$1\times10^3\sim1\times10^4$ μs 和 $1\times10^4\sim1\times10^5$ μs 附近，表明基质内部存在纳米级孔隙、微孔和中孔。另外，峰值 1≪2<3，表明岩心 85-4 中的微孔和中孔较发育，存在少量纳米级孔隙。岩心 24-2 的 1、2、3 号峰分别出现在 1×10^2 μs，$1\times10^3\sim1\times10^4$ μs 和 $1\times10^5\sim1\times10^6$ μs 附近，表明基质内部存在纳米级孔隙、微孔和大孔。另外，峰值 1<3≪2，表明岩心 24-2 中的微孔发育好，有少量的纳米级孔和大孔。

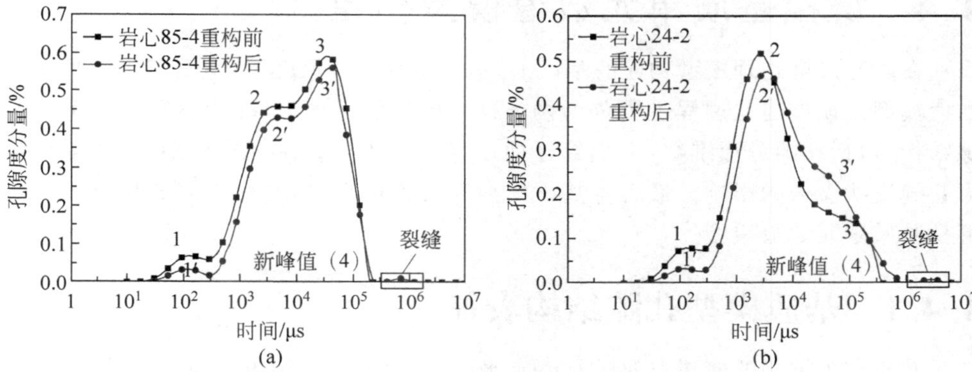

图 4-14　重构前后岩心样品的 NMR T_2 谱

(a) 岩心 85-4 重构前后 NMR T_2 谱；(b) 岩心 24-2 重构前后 NMR T_2 谱

缝控基质单元重构后，岩心样品的 NMR T_2 谱与重构前峰值基本保持一致，表明岩心的孔隙结构变化程度较小。但是，1′号、2′号和 3′号峰比重构前稍小，这是因为在压力黏合过程中孔隙被压缩，这与孔隙度的变化一致。值得注意的是，在重构岩心后，两块岩心样品中大于 1×10^5 μs 的区域均出现了新的峰(4 号)，该区域是 Y-型和 S-型裂缝的体现。

4. 裂缝渗透率

重构完成后，分别测量缝控基质单元岩心 Y-型和 S-型裂缝的渗透率，实验结果如表 4-5 所示。

表 4-5　Y-型和 S-型裂缝渗透率测试结果

裂缝形状	样品编号	温度/℃	N_2 黏度/(Pa·s)	进口压力/Pa	出口压力/Pa	渗透率/mD
Y-型裂缝	85-4	19	0.016576	25000	0	38854.75
S-型裂缝	24-2	19	0.016576	25000	0	53340.13

实验测试结果与数值模拟结果(表 4-3)进行对比,裂缝渗透率具有较好的一致性。

基于岩心基质系统重构前后的孔隙度、渗透率、表面润湿性、孔隙大小分布可以得出以下结论。首先,与平行板法和劈分等重构方法相比,所提出的方法可以实现从单一的不确定裂缝向更复杂的分叉和弯曲裂缝过渡;其次,与化学溶解和 3D 打印方法相比,所提出的重构方法保证了岩心的矿物成分的完整性。因此,本书提出的方法最大限度地减少了对岩心的损伤,进一步还原了地下储层的真实性。此外,Y-型和 S-型裂缝的渗透率约为基质渗透率的 10^4 个数量级,反映了实际储层中裂缝体系与基质体系的渗透率差异。

4.4 缝控基质单元数值模型构建

在岩心尺度物理模型构建的基础上,本节将在岩心尺度下,建立缝控基质单元数值模型。模型建立过程主要分为两方面:在基质模型中,准确表征其内部的孔隙结构,包括孔隙分形维数、毛细管迂曲度等分形参数;在裂缝模型中,则需要考虑裂缝形状参数的影响。最后将基质模型和裂缝模型组合,建立岩心尺度下二维缝控基质单元数值模型。

4.4.1 基质模型孔隙结构表征

基质作为油相的储集空间以及渗流通道,其内部的结构表征极为重要。目前,很多研究人员在二维渗吸数值模型建立基础上,应用各种方法将代表基质骨架的圆形颗粒填充到基质中,颗粒与颗粒之间的空隙则代表基质中孔隙结构,如图 4-15 所示。起初,通过将等大的圆形颗粒均匀有序地填充到基质中,形成均质的二维多孔介质模型,流体在相同的孔隙通道中流动[图 4-15(a)和(b)]。虽然这种方法可以建立理想的多孔介质结构并进行数值模拟计算,但并不能有效反映天然岩心中骨架颗粒的非均质性,同时有序排列的圆形颗粒形成的孔隙通道规则、均匀地分布在基质中,不能表征复杂的孔隙结构。

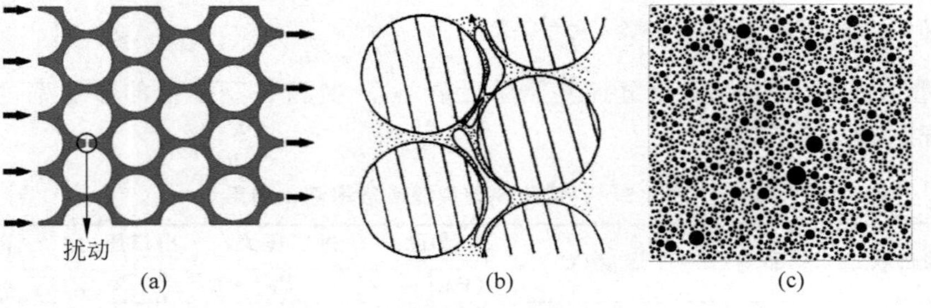

图 4-15 二维多孔介质模型示意图

(a) 均质多孔介质;(b) 流体流动;(c) 非均质多孔介质

近年来，随着计算机在建模上的发展，有学者改进了均质二维多孔介质建模方法，采用随机的、非重复放置的原则，向给定的区域中放置不同大小的圆形颗粒，建立了二维非均质多孔介质系统，见图 4-15(c)。与均质多孔介质模型不同的是，此方法可以产生半径不同的圆形颗粒，并随机地填充到基质区域中，毛细管迂曲度等重要参数可以被定量表征并运用到数值模拟中，极大程度地还原了天然岩心的非均质性以及孔隙结构的复杂性。然而，天然岩心基质中的固体颗粒并非全部是圆形，它们形状各异，并且是杂乱无章的。另外，所建立的模型并未与裂缝系统相结合，只能进行两相流体在基质中的渗流数值模拟计算。

因此，在以上研究的基础上，为了可以在岩心尺度上模拟更加接近实际情况的渗吸过程，本书提出一种不规则多边形不重叠随机填充的缝控基质单元基质系统表征方法。首先，基于 Python 语言编程技术，将圆形填充颗粒升级为随机多边形颗粒填充在基质区域中，具体操作如下。

(1) 利用 VTK 库中的 voronoi2D 函数生成 voronoi 图形。随机点按照随机分布插入一个指定大小的矩形范围。

(2) 编制程序，对 voronoi 图形中的各凸多边形进行提取，并对其进行缩放，缩放的中心点位置按照多边形控制点坐标的平均值确定。

(3) 最后编制程序，将缩放后的 voronoi 图形转为 COMSOL Multiphysics 软件所使用的几何文件。形成的非均质二维缝控基质单元基质区域如图 4-16 所示。

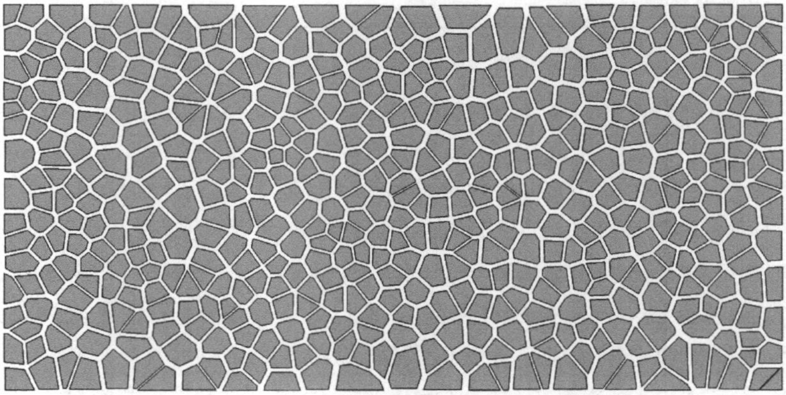

图 4-16　二维缝控基质单元非均质基质模型

由图 4-16 可以看出，灰色区域代表基质的骨架颗粒，由不同的随机多边形组成，白色区域代表基质骨架颗粒之间形成的基质孔隙结构。进一步，将建立的基质模型(图 4-16)导入 COMSOL Multiphysics 软件中，进而导出 AutoCAD 可识别的 dxf 格式，并提取孔隙轮廓，如图 4-17(a)所示。然后，采用图像轮廓提取法对孔隙二值化图像开展二维孔隙图像重构，并转换为 dxf 格式导入 AutoCAD 中，获得真实岩心孔隙轮廓，如图 4-17(b)所示。

(a) (b)

图 4-17 缝控基质单元二维孔隙模型以及真实孔隙模型
(a) 缝控基质单元基质孔隙模型；(b) 真实岩心提取的孔隙二值化图像

将二维缝控基质单元基质模型与真实孔隙模型图像导入 Avizo^{TM} 软件中，计算其孔隙度、孔隙分形维数；利用 Matlab 和 COMSOL Multiphysics 软件分别计算迂曲度，如表 4-6 所示。由图 4-17 和表 4-6 可以看出，本书所建立的多边形随机填充基质模型，与真实岩心所提取的孔隙模型有较好的相似性，能够准确地反映真实岩心内部的孔隙形态。

表 4-6 缝控基质单元基质模型参数

模型类型	孔隙度/%	孔隙分形维数	迂曲度
缝控基质单元基质模型	23	1.57	2.19
真实岩心提取基质模型	30	1.45	2.59

4.4.2 裂缝模型形态表征

裂缝系统是渗吸采油作用发生的必要条件，基于 4.3 节缝控基质单元物理模型构建方法，在数值计算中，仍然选择 Y-型裂缝和 S-型裂缝表征裂缝的开裂延伸形态。将图 4-16 导入 AutoCAD 软件中，Y-型裂缝和 S-型裂缝模型置于基质系统中，与基质模型组合，并调整去除裂缝与基质骨架颗粒相交部分，建立分别含有 Y-型和 S-型裂缝的缝控基质单元数值模型，如图 4-18 所示。

图 4-18 显示，润湿相流体(水)从流体入口经由 Y-型和 S-型裂缝流入，在渗吸作用下，将基质孔隙中饱和的非润湿相流体(油)置换出来，两相流体经流体出口被开采。

4.4.3 缝控基质单元模型网格划分

根据所建立的数值模型，首先对模型进行网格划分。由于基质中颗粒为不规则多边形，基质结构非常复杂。因此在 COMSOL Multiphysics 软件中采用物理场控制方法，利用自由三角单元对模型网格进行超细化划分，划分后的网格如图 4-19

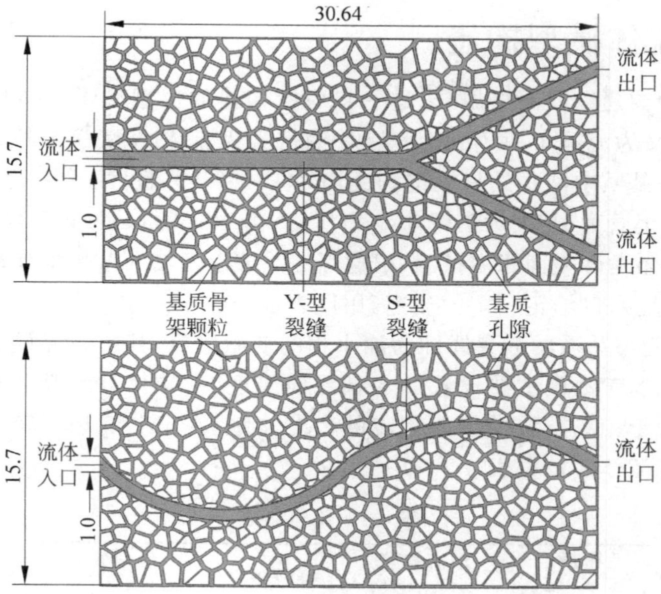

图 4-18　Y-型裂缝和 S-型裂缝缝控基质单元数值模型

所示。统计网格信息可以得到，对于 Y-型裂缝，包括 106817 个三角单元、19962 个边界单元以及 2898 个顶点单元，最小单元尺寸为 0.00236 mm，平均网格质量为 0.8627；对于 S-型裂缝，包括 102554 个三角单元、20173 个边界单元以及 2956 个顶点单元，最小单元尺寸为 0.00236 mm，平均网格质量为 0.86。

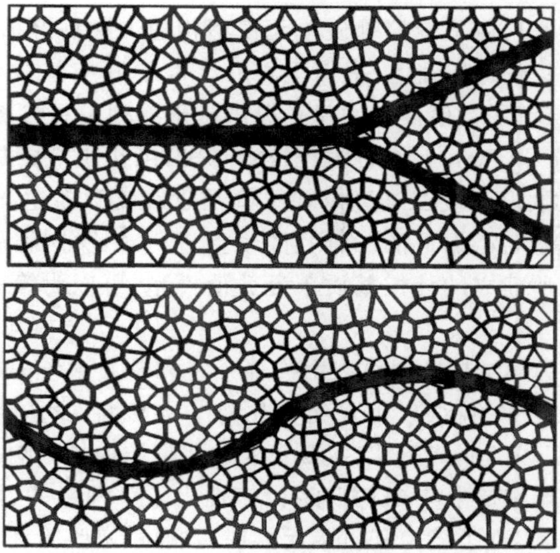

图 4-19　Y-型裂缝和 S-型裂缝缝控基质单元模型网格划分示意图

4.4.4 流体模型构建

基于模型构建以及网格划分，进一步对所构建的模型赋予流体属性。根据相场理论，水定义为流体 1，赋存于裂缝中；油定义为流体 2，赋存于基质孔隙中。裂缝中水相以及基质中油相的初始饱和度均为 100%。并且，油水渗吸发生所依靠的驱动力主要为毛管力，其次为裂缝中水力压力，由 Young-Laplace 方程[式(3-21)]可知毛管力受接触角和表面张力控制，根据 2.2.2 节以及 2.5 节中的实验结果进行参数选取；在裂缝入口给定一定的流速，用以表征裂缝中的水力压力。

另外，裂缝与基质的分界线即为油水相的初始边界，其余边界设置为无滑移不渗透边界。相场参数中主要设置油水相界面厚度，由软件计算默认得出；相场迁移参数参考关于相场方法模拟两相流的已有文献(Amiri 和 Bai)确定。数值模拟过程中的所有流体参数见表 4-7。

表 4-7 流体参数

流体相	密度/($g \cdot cm^{-3}$)	动态黏度/($mPa \cdot s$)	接触角/(°)	表面张力/($N \cdot m^{-1}$)	迁移参数/($cm^3 \cdot s^{-1}$)
润湿相(水)	1.0	1.0	21.09	0.05	3.0
非润湿相(油)	0.84	7.56	—		

4.5 本章小结

本章主要对岩心尺度下缝控基质单元模型构建方法展开研究，首先明确了缝控基质单元的结构；在此基础上，提出了岩心尺度下缝控基质单元物理模型的构建方法，为缝控基质单元数值模型的建立提供基础物理模型参考；随后，通过对理想状态模型升级，基于 Python 语言编程技术，提出包含非均质基质系统以及 Y-型与 S-型裂缝系统的岩心尺度二维缝控基质单元数值模型构建方法，并将所构建的基质孔隙模型与真实岩心提取的二维孔隙模型进行对比分析，验证所提出方法的正确性与可行性。所建立的缝控基质单元数值模型，可以为第 5 章的数值模拟提供模型基础。

(1) 缝控基质单元结构主要可以由裂缝系统和基质系统表征。裂缝系统作为缝控基质单元渗吸采油的枢纽，主要受其几何结构影响；基质系统作为油相的主要储集场所，具有很强的非均质性，主要受复杂孔隙结构的影响。

(2) 结合激光雕刻技术与 3D 打印材料，提出了一种新的、低损伤的缝控基质单元岩心重构方法，实现了缝控基质单元再现，并通过实验验证了这种重构方法的正确性。结果表明，对于基质系统，重构前后岩心 85-4 和岩心 24-2 的基质孔隙度分别为 18.33%、17.89%和 12.97%、12.01%，基质渗透率分别为 2.96 mD、2.84 mD

和 0.85 mD、0.80 mD；接触角分别为 14.87°、14.90°和 21.10°、21.09°，说明重构方法确保了岩心基质组成成分和物理性质的完整性。对于裂缝系统，缝控基质单元重构后，岩心样品的 NMR T_2 谱与重构前峰值基本相同。但值得注意的是，两块岩心样品中大于 1×10^5 μs 的区域均出现了新的峰值，该区域是 Y-型和 S-型裂缝的体现。重构后岩心 85-4 和岩心 24-2 的裂缝系统的渗透率测试结果分别为 38854.75 mD 和 53340.13 mD，与数值模拟结果吻合较好，反映了实际储层中裂缝体系与基质体系的渗透率差异。

(3) 在岩心尺度孔隙结构与裂缝形态表征的基础上，基于 Python 语言编程技术，提出了不规则多边形不重叠随机填充的缝控基质单元基质系统表征方法，通过与真实岩心所提取的孔隙模型进行对比研究，表明本书所提出方法的正确性；将基质模型与 Y-型和 S-型裂缝组合，建立二维缝控基质单元岩心尺度数值模型，所构建的模型可以更加接近真实岩心；结合模型网格划分与流体模型建立，为后续的数值模拟研究提供模型基础。

第5章 缝控基质单元岩心尺度渗吸数值模拟

基于第 4 章中缝控基质单元岩心尺度数值模型的构建、网格划分以及流体模型构建,在本章中,结合相场理论,利用 COMSOL Multiphysics 软件对岩心尺度下渗吸的过程进行数值模拟,研究在岩心尺度上渗吸发生的动态过程以及影响因素。首先,概述了相场理论的基本原理以及该理论在渗吸采油研究中的应用;然后,开展岩心尺度下缝控基质单元渗吸数值模拟实验研究,基于数值模拟结果,分析了缝控基质单元渗吸过程中的油水分布、贾敏效应以及润湿性、孔隙分形维数、入口流速、流体黏度和毛细管迂曲度对渗吸效果的影响;最后,与基于渗吸实验、微 CT 实验以及理论分析的微观渗吸机理与影响因素进行对比,验证了岩心尺度下数值模拟研究的正确性。以数值模型为基础,以相场理论为支撑,以岩心孔隙结构表征参数为桥梁,实现了从岩心孔隙尺度渗吸研究到岩心尺度渗吸研究的跨越,在不同尺度上对缝控基质单元渗吸采油机理以及影响因素进行了研究。

5.1 相场理论

多相流动耦合的问题在油藏工程数值模拟上一直受到广泛关注,流体在多孔介质中流动时,不同流体相之间会存在明确的相界面,例如油-水界面、油-气界面等,在渗吸过程中亦然如此。渗吸过程主要发生的是油水两相之间的交换,并且两相界面随着流体流动而发生动态变化。因此对油-水界面的精确定位与捕捉是研究渗吸过程的重点。在已经开始运用到追踪流体界面的研究当中,目前采用较多的方法包括相场方法和水平集方法,而相场方法由于具有分析渗流过程中相界面运动的明显优势,因此被广泛地应用到两相流动耦合数值模拟中。5.1.1 节主要阐述相场方法的理论基础以及界面追踪的基本原理,5.1.2 节主要阐述相场理论在渗吸领域的应用。

5.1.1 理论基础

相场理论又称相场界面追踪理论，其核心理论思想为，两相流体在空间中接触形成的接触面称为两相界面。在此界面上，基于界面扩散理论，无论两种流体是否互溶，均认为在相界面很小的区域范围内界面流体是处于混合状态的，具有一定厚度扩散界面层[图 5-1(a)]，而并不是处于尖锐状态的[图 5-1(b)]。相场方法利用连续迅速变化的相场变量表征每相流体的区域位置以及两相界面的动态变化，通过这个变量的引入，可以避免对界面位置精确追踪过程中移动有限元计算量巨大的问题，从而极大地简化了计算过程。这种独特的优势使相场方法在研究油藏流体渗流问题方面成为一种高效的技术手段。

相场理论把流体流动区域分成两个部分，分别为自由流区域和渗流区域。在自由流区域中，采用相场界面追踪算法进行相界面的计算，而在渗流区域，采用达西定律两相流方程计算流体流动，另外在两个区域的接触面上，通过特定的耦合条件计算流体流动。

相场变量 φ 是相场理论中的重要参数之一，能准确地表征每相流体的区域位置以及相界面之间的动态变化。以两相流中的油水界面为例，利用一组相场变量表示体积分数的参数，φ 是空间和时间的连续函数，它快速平滑地在油水两相交界面处变化，油水相的分布区与油水界面随时间的变化由式(5-1)表示：

$$\varphi=\begin{cases}\varphi(x,t)=-1, & \text{流体 1}\\ \varphi(x,t)\in(0,1), & \text{相界面}\\ \varphi(x,t)=1, & \text{流体 2}\end{cases}\tag{5-1}$$

式中，φ 为相场变量，φ 的值从 $-1\sim1$ 连续变化；流体 1 代表油相，流体 2 代表水相；$-1\sim1$ 区间代表油水界面，如图 5-2 所示。

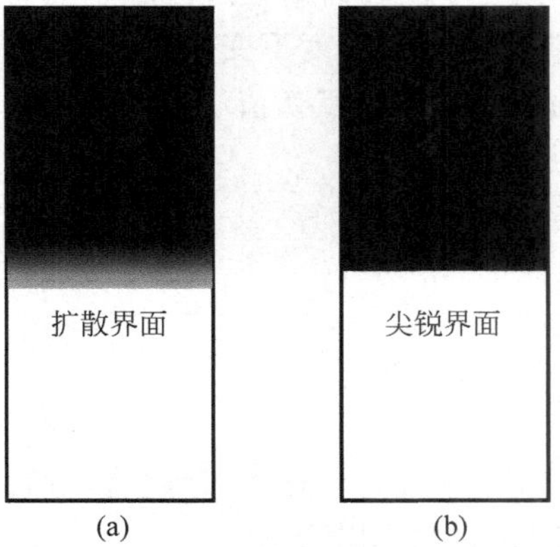

图 5-1　两相流体相界面扩散示意图

(a) 相场界面；(b) 传统界面

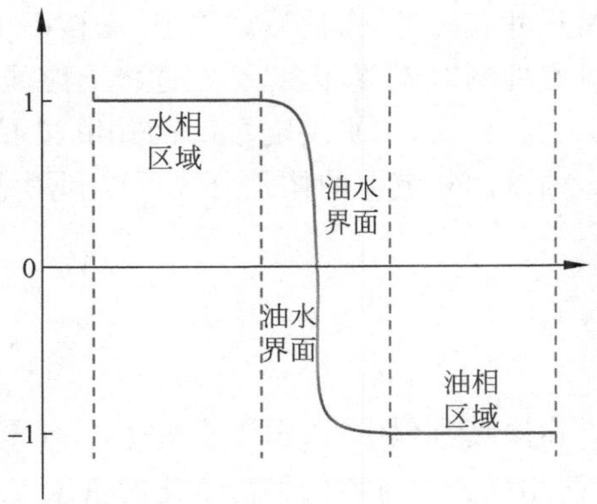

图 5-2　相场变量油水两相示意图

彩图 5-2

在以上理论的基础上，若在油-水界面考虑表面张力的作用（给出一定的表面张力值），那么就可以利用相场理论，对渗吸过程中油水两相在毛管力和水力压力作用下的渗流流动进行进一步的研究。

5.1.2 相场理论在渗吸研究中的应用

毛细管中的毛管力可以用表面张力衡量，利用相场理论，在油水界面给定表面张力，就能够利用 COMSOL Multiphysics 软件 CFD 模块中的两个多物理场耦合特征对渗吸过程进行建模与计算。在相场理论中，使用 Cahn-Hilliard 方程表示分隔两个相位的扩散界面，而在渗流区域，Navier-Stokes 方程用于描述动量传递和质量守恒。

1. 流体界面的表征方法

两相流体的相界面上，两相流动力学由 Cahn-Hilliard 方程控制，用以描述相界面的产生与动态变化。该方程用于计算相界面的对流与扩散，在求解时，Cahn-Hilliard 方程被分为两个方程参与计算：

$$\frac{\partial \varphi}{\partial t}+\boldsymbol{u} \cdot \nabla \varphi=\nabla \cdot \frac{\gamma \chi}{\xi^{2}} \nabla \psi \tag{5-2}$$

$$\psi=-\nabla \cdot \xi^{2} \nabla \varphi+\left(\varphi^{2}-1\right) \varphi \tag{5-3}$$

式中，$\boldsymbol{u}$ 为流体速度，m/s；γ 为迁移率，$m^3 \cdot s/kg$；χ 为混合能量密度，N；ξ 为界面厚度参数，m；ψ 为相场助变量，无量纲。

而利用相场理论进行毛管力渗吸过程的研究，需要将混合能量密度 χ 和界面厚度 ξ 与表面张力系数联系起来，建立表面张力 σ 与 χ 和 ξ 的函数关系：

$$\sigma=\frac{2 \sqrt{2}}{3} \frac{\chi}{\xi} \tag{5-4}$$

通常情况下，界面厚度参数为 $\xi=h_c/2$，式中 h_c 代表界面经过区域中的特征网格尺寸。另外，在计算过程中，迁移率 γ 既要保持界面厚度不变，又必须保证不会过度抑制对流项，因此 γ 在选择上应同时考虑两种情况，默认值 $\gamma=\xi^2$ 通常是适用的初始估值，用来决定 Cahn-Hilliard 扩散的时间尺度。

油水两相流体的体积分数可以利用式(5-5)和式(5-6)计算：

$$V_{f1}=\frac{1-\varphi}{2} \tag{5-5}$$

$$V_{f2}=\frac{1+\varphi}{2} \tag{5-6}$$

在渗吸过程中，水定义为流体 1，油定义为流体 2。同时，在多物理场耦合特征下，两相混合物跨界面平滑变化的密度 ρ 和黏度 μ 分别可以表示为

$$\rho=\rho_{W}+\left(\rho_{o}-\rho_{W}\right) V_{f2} \tag{5-7}$$

$$\mu=\mu_{W}+\left(\mu_{o}-\mu_{W}\right) V_{f2} \tag{5-8}$$

式中，ρ_W 为水相密度，kg/m^3；ρ_o 为油相密度，kg/m^3；μ_W 为水相黏度，Pa·s；μ_o 为油相黏度，Pa·s。

2. 质量和动量传输方程

在 3.2 节中，已经对渗吸过程给出了明确的假设。因此对于不可压缩流体渗流，忽略重力的影响，流体的质量和动量传递满足 Navier-Stokes 方程。值得注意的是，为了使油水可以在毛管力作用下进行质量交换，表面张力必须引入方程中。因此，考虑表面张力的 Navier-Stokes 运动方程和连续性方程分别表示为

(1) 运动方程。

$$\rho \frac{\partial \boldsymbol{u}}{\partial t} + \rho(\boldsymbol{u} \cdot \nabla)\boldsymbol{u} = \nabla \cdot \left[- p\boldsymbol{I} + \mu(\nabla \boldsymbol{u} + (\nabla \boldsymbol{u})^{\mathrm{T}})\right]\sigma \tag{5-9}$$

(2) 连续性方程。

$$\nabla \cdot \boldsymbol{u} = 0 \tag{5-10}$$

式中，p 为压力，MPa；$\boldsymbol{I}$ 为单位矩阵。

(3) 表面张力。通过借助扩散界面表示法，表面张力可以利用式(5-11)进行计算：

$$\sigma = G' \nabla\varphi \tag{5-11}$$

式中，G'为化学势，J/m^3。化学势的表达式为

$$G' = \chi\left[- \nabla^2\varphi + \frac{\varphi(\varphi^2 - 1)}{\xi^2}\right] = \frac{\chi}{\xi^2}\varphi \tag{5-12}$$

如上所述，在相场理论中，所计算的表面张力在相界面上是连续分布的，并且仅仅通过相场助变量 ψ 和相场变量梯度进行计算。因此，与通过面法向和表面曲率计算的水平集方法相比，这种计算方法体现了数值计算快速、简单的优势。

(4) 初始条件与边界条件。初始时刻，模型中裂缝饱和水相，基质孔隙中饱和油。在水进入裂缝的入口端时，自动补偿的静水压力提供流入边界的压力，实际值设置为零。在出口端，压力等于零，等于流入边界顶部的压力。流体与固体骨架所接触壁面即为润湿壁，通过润湿壁特征，可以指定特定的接触角 θ。

5.2 岩心尺度渗吸采收率影响因素分析

5.2.1 缝控基质单元油水分布

在 Y-型和 S-型裂缝中，缝控基质单元油水相分布随时间的变化如图 5-3 和图 5-4 所示，红色代表油相，蓝色代表水相。岩心尺度缝控基质单元渗吸数值模拟结果表明，在渗吸未开始前($T=0$ 时刻)，基质中含油而 Y-型和 S-型裂缝中含水，油水未发生流动和置换[图 5-3(a)、图 5-4(a)]。随着渗吸的进行，在毛管力与水力压力共同作用下，两种类型裂缝中的水开始进入基质，并置换其中的油[图 5-3(b)、

图 5-4(b)]。可以发现，在渗吸初期阶段，水经由小孔进入基质，基质中的油则经过大孔道被置换到裂缝中，此时 Y-型和 S-型裂缝中开始出现油滴，并主要以逆向渗吸为主；随着渗吸采油的进行，裂缝中的油滴开始汇聚，由小油滴变成大油滴[图 5-3(c)、图 5-4(c)]；最后，裂缝中的大油滴逐渐汇聚成更大的油簇[图 5-3(d)、(e)和图 5-4(d)、(e)]，最终在裂缝驱替压差的作用下，由出口被开采[图 5-3(f)、图 5-4(f)]。

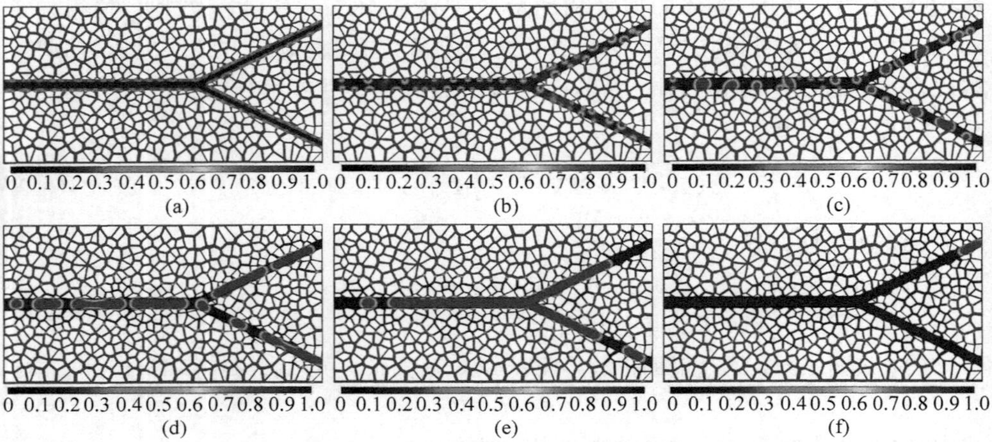

彩图 5-3

图 5-3　不同时刻 Y-型裂缝缝控基质单元中的油水分布图

(a) $T=0$ s; (b) $T=0.01$ s; (c) $T=0.05$ s; (d) $T=0.5$ s; (e) $T=1.0$ s; (f) $T=5.0$ s

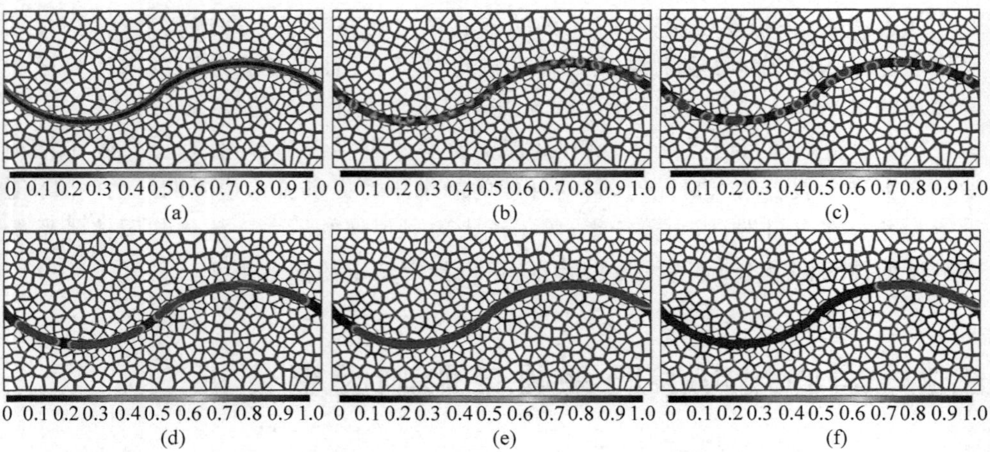

彩图 5-4

图 5-4　不同时刻 S-型裂缝缝控基质单元中的油水分布图

(a) $T=0$ s; (b) $T=0.01$ s; (c) $T=0.05$ s; (d) $T=0.5$ s; (e) $T=1.0$ s; (f) $T=5.0$ s

利用渗吸采出油相体积与初始条件下基质区域中的油相总体积之比表征岩心尺度下的渗吸采收率，见式(5-13)：

$$Q=\frac{V_s}{V_i}\times 100\% \tag{5-13}$$

式中，Q 为岩心尺度下的数值模拟渗吸采收率；V_s 为采出油相体积，cm^3；V_i 为初始条件下基质区域中的油相总体积，cm^3。通过数值模拟计算 V_s。

基于数值模拟结果，将 Y-型与 S-型裂缝所对应的渗吸最终采收率随时间变化曲线绘制在图 5-5(a)中，Y-型裂缝与 S-型裂缝的最终采收率分别为 50.49%和 39.28%；基于 2.3.2 节中的实验结果，结合图 2-13(b)与表 2-3，计算得到自发渗吸实验的渗吸最终采收率随时间变化曲线，并绘制在图 5-5(b)中，两块岩心的最终采收率分别为 58.2%和 27.7%。对比结果显示，数值模拟渗吸采收率与实验测试采收率有略微差异，这是因为，一方面微观渗吸实验与岩心尺度渗吸数值模拟在岩心尺寸上的差异导致采收率略有不同；另一方面，虽然数值模拟尽可能还原真实岩心内部的孔隙结构，但真实岩心内部孔隙结构会更加复杂。

另外，对于数值模拟和实验结果[图 5-5(a)和(b)]，在 $t=5$ s、150 min 和 200 min 前，渗吸采出程度变化较快，呈线性增长趋势，短时间内有大量的油被开采，此阶段为渗吸初期阶段；在 $t=5$ s、150 min 和 200 min 后，渗吸的采出程度变化速率开始变缓，至此开始进入一个缓慢的渗吸过程，但仍有油被源源不断地置换出来，此阶段为渗吸的中期阶段；最后，在 $t=45$ s、450 min 和 600 min 后，渗吸过程趋近于平衡，渗吸结束，此阶段为渗吸的后期阶段，虽然数值模拟与实验时间尺度不同，但渗吸产油规律是具有相似性的。

进一步对比不同形态裂缝中的油水分布以及渗吸采收率曲线可知[图 5-5(a)]，Y-型裂缝的渗吸采收率高于 S-型裂缝的渗吸采收率，原因在于裂缝的分支与基质的接触面积要大于弯曲的裂缝与基质的接触面积，表明分叉裂缝的渗吸效果好于弯曲裂缝。

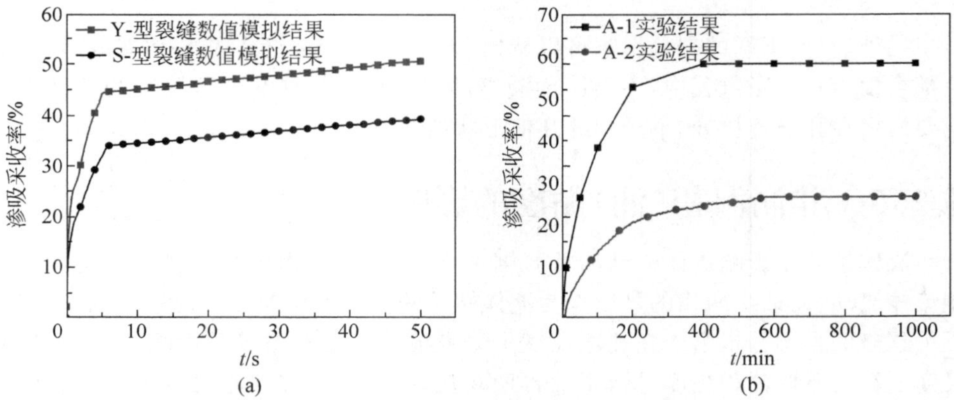

图 5-5　缝控基质单元数值模拟与渗吸实验渗吸采收率曲线

(a) 数值模拟结果；(b) 实验结果

5.2.2　贾敏效应的影响

在第 2 章中，基于微 CT 图像，已经对孔隙尺度下的贾敏效应进行了可视化、定量化的分析，揭示了孔喉连接处贾敏效应对渗吸过程中油水流动的微观机理。进一步利用数值模拟方法对岩心尺度下的缝控基质单元贾敏效应进行研究。在Y-型和S-型裂缝缝控基质单元数值模拟结果中提取了典型的孔隙，见图5-6(a)和(b)所示。可以看出，当水相运移到较狭窄孔喉连接处时，由于突破狭窄喉道时毛管力会突然下降，导致水相不能连续地被吸入，被"卡在"细小的孔喉连接处(见绿色圆圈处)。最终，油相被困在大孔道中，渗吸过程停止。贾敏效应对渗吸采收率有负面作用，导致一定程度的最终渗吸采收率下降。

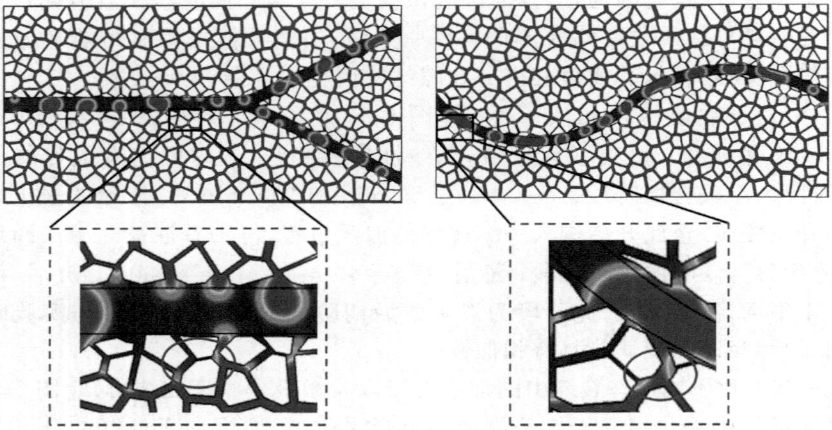

彩图5-6

(a) (b)

图5-6 Y-型裂缝和S-型裂缝中典型贾敏效应

(a) Y-型裂缝中典型孔隙；(b) S-型裂缝中典型孔隙

另外，对比不同的裂缝形态可以看出，无论是Y-型裂缝还是S-型裂缝，贾敏效应都会发生在渗吸过程中，不会因为裂缝的形状而产生变化。这是因为贾敏效应主要发生在孔喉连接处，不受裂缝几何形状的影响。

5.2.3 非润湿相(油)黏度的影响

流体性质是影响流体流动的重要因素之一，渗吸过程中主要发生的是油水两相流体流动，而油水两相的黏度作为流体性质的主要表征参数，对渗吸采收率有着不可忽略的影响。本书未在孔隙尺度下研究流体黏度对渗吸的影响，但是在岩心尺度上针对不同油相黏度进行了油水两相流动分析，研究岩心尺度下油相黏度对缝控基质单元渗吸效果的影响规律。

为了减小计算量，仅仅针对Y-型裂缝的缝控基质单元，分别对不同油相黏度μ_o=7.56 mPa·s，100 mPa·s以及1000 mPa·s进行数值模拟，图5-7给出了在同一时刻不同油相黏度下的渗吸油水分布图。可以看出，油相黏度对渗吸采油效果有很大影响，油相黏度越小，油相被置换得越多，渗吸效果越好。

进一步定量分析了不同油相黏度渗吸采收率随时间变化的关系，如图5-8所

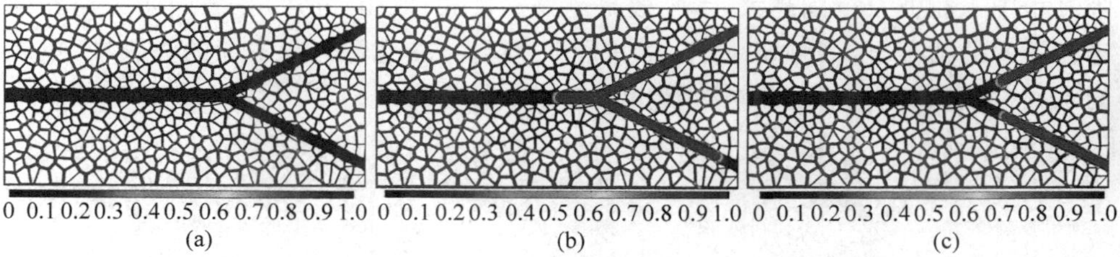

彩图 5-7

图 5-7　不同油相黏度下缝控基质单元中的油水分布图

(a) μ_o=7.56 mPa·s；(b) μ_o=100 mPa·s；(c) μ_o=1000 mPa·s

示。数值模拟结果表明，随着油相黏度的增加，渗吸采收率逐渐降低。这是因为当水相在驱动力作用下进入基质中推动油相移动时，较大黏度的油滴在孔隙中流动会产生较大的流动阻力，这种阻力会减弱油相的流动能力，最终导致渗吸采收率减小。

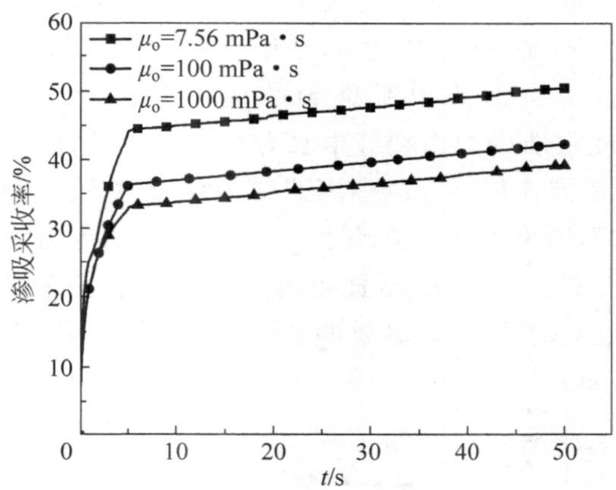

图 5-8　不同油相黏度下缝控基质单元渗吸采收率曲线

5.2.4　润湿性的影响

润湿性是影响渗吸采油效果的重要因素之一。在 2.5.4 节中，通过微 CT 重构图像研究了缝控基质单元孔隙尺度下复杂混合润湿性的影响，分析了单个孔隙中不同润湿壁面与渗吸采收率之间的关系。但是，相比于孔隙尺度，在岩心尺度下分析孔隙内部的润湿性具有一定难度。因此在本节中，将模型中的孔隙壁面全部看作水湿壁面，选取不同接触角 θ 值(表征不同润湿性)来进行数值模拟实验，研究岩心尺度下润湿性对缝控基质单元渗吸效果的影响规律。

为了减小计算量，仅仅针对 Y-型裂缝的缝控基质单元，分别对接触角 $\theta=30°$、60°、90°进行数值模拟，在同一时刻不同润湿性下的渗吸油水分布如图 5-9 所示。由数值模拟结果可以看出，润湿性直接影响着渗吸效果，随着接触角的减小，在渗吸过程中水相波及范围越大，渗吸效果越好。由式(3-19)可知，在表面张力与孔隙半径不变的情况下，接触角越小，表明毛管力越大，在毛管力为主导的渗吸中，更多的水相被吸入，更多的油相被置换出来。

彩图 5-9

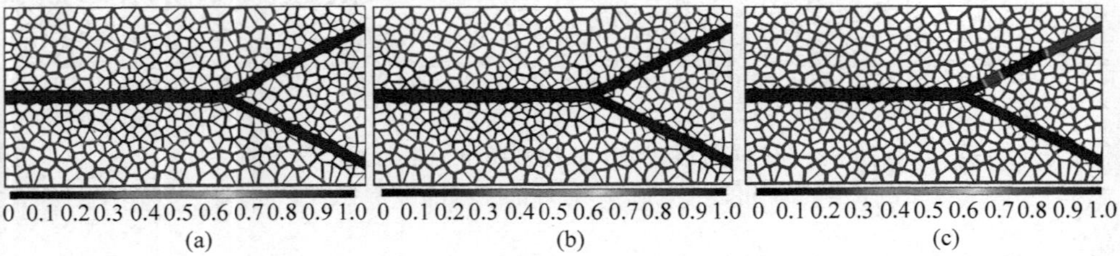

图 5-9 不同接触角下缝控基质单元中的油水分布图

(a) $\theta=30°$；(b) $\theta=60°$；(c) $\theta=90°$

基于数值模拟结果，将不同接触角所对应的渗吸最终采收率随时间变化曲线绘制在图 5-10 中。由图可以得到，接触角越大，缝控基质单元渗吸采收率越低。值得注意的是，当 $\theta=90°$时，毛管力为 0，理论上来说[根据式(3-19)]，此时渗吸不会发生。但是，根据 3.3.1 节中所推导的缝控基质单元渗吸质量数学模型[式(3-29)]，渗吸的主要驱动力由裂缝中水力压力以及毛管力共同提供，而在数值模拟中，入口给定了润湿流体一定的注入速度，裂缝与基质之间存在着一定的压力差，虽然此时毛管力不作为渗吸的驱动力，但是裂缝中的水力压力作为次要驱动力使得仍有 6.72%的油被开采出来，因此也再一次证明了考虑裂缝中水力压力的对渗吸采收率的影响是正确的，也是必要的。

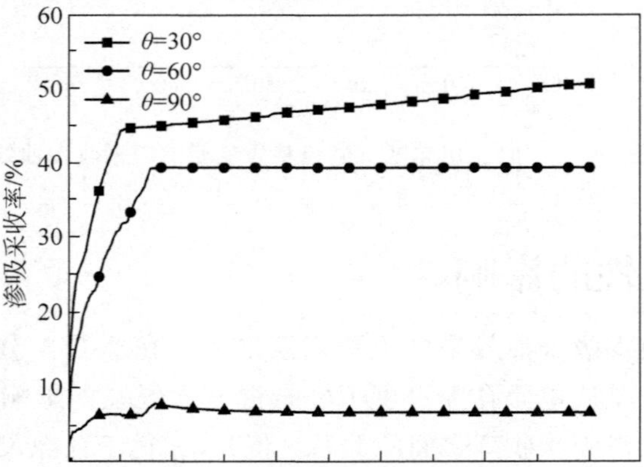

图 5-10 不同接触角下缝控基质单元渗吸采收率曲线

5.2.5 入口流速的影响

在微观渗吸影响因素研究中，基于数学方法对裂缝中水力压力对渗吸累积采油量的影响进行了分析。在岩心尺度下的数值模拟研究中，虽然没有针对裂缝中的润湿相给出一定的压力梯度，但是在层流场入口初始值设置中，给定了一定的入口流速。一方面，入口流速可以为裂缝中的流体流动提供驱动力，在渗吸初始阶段，使得裂缝中的润湿相流体（水）可以遍布整个裂缝区域；在渗吸现象开始出现后，基质中的非润湿相（油）被置换到裂缝中，入口流速可以将裂缝中的油水驱替至出口。另一方面，由于入口存在着流速，裂缝中的流体流动会对壁面产生一定的压力，可以把这种作用等效地看作裂缝中存在着一定的水力压力。

为了减小计算量，仅针对 Y-型裂缝的缝控基质单元，入口流速分别设定为 2 mm/s、5 mm/s 以及 7 mm/s，进行不同入口流速下的渗吸数值模拟实验。相同时间、不同流速下的油水分布如图 5-11 所示。数值模拟结果表明，随着入口流速的增大，渗吸采油过程水相所波及的范围越小，渗吸效果越差。

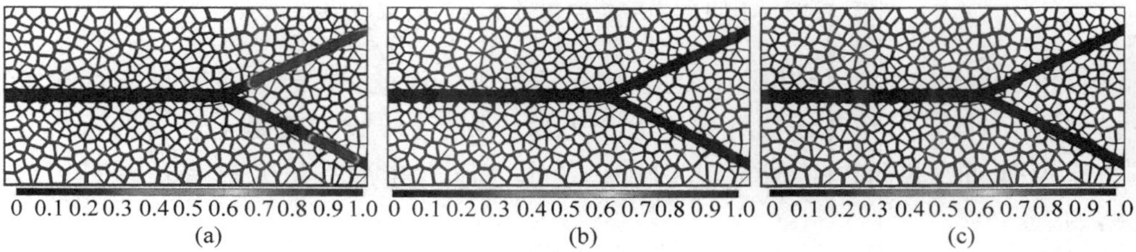

彩图 5-11

图 5-11　不同流速下缝控基质单元中的油水分布图

(a) $v=2$ mm/s；(b) $v=5$ mm/s；(c) $v=7$ mm/s

不同流速下渗吸采收率随时间的变化曲线如图 5-12 所示。由曲线可知，在渗吸初期阶段（$t=0\sim7$ s），渗吸采收率随着入口流速的增加而升高；随着渗吸过程的继续，在渗吸中后期阶段（$t=7\sim50$ s），渗吸采收率随着入口流速的增加而降低。这是因为，在初期阶段，渗吸采油的驱动力由毛管力和水力压力共同提供，裂缝中的流体流速越大，会导致裂缝中水力压力越大，在双重驱动力的作用下，虽然润湿相流体在裂缝中的流动相对较快，与壁面接触的时间较短，但此时基质孔隙中的油相距离裂缝较近，裂缝中的水力压力起主导作用，渗吸采收率增加，这与孔隙尺度下裂缝中水力压力 p_{h} 对渗吸采油效果影响保持一致；而随着渗吸采油过程的进行，基质孔隙中的油相距离裂缝越来越远，此时水力压力对渗吸的影响已经不能波及远端孔隙，水力压力作用效果减弱，此时毛管力起主导作用。低流速的润湿相就会有充足的时间与基质壁面接触，有充足的水相参与渗吸过程中，因此渗吸采收率随着入口流速的增加而减小。综上所述，在岩心尺度下流体流速对渗吸效果的影响具有两面性，其表现为入口流动速度带来的润湿相和基质壁面接触时间长短与裂缝中水力压力作为驱动力共同作用的结果。

值得注意的是，本书在 5.2.4 节中研究润湿性对渗吸作用的影响时，当接触角 $\theta=90°$ 时，仍然有部分非润湿相（油）被开采出来，表明除了毛管力作为渗吸的驱动力，入口流速带来的裂缝中水力压力也会充当一定的油水置换驱动力，使得在没有

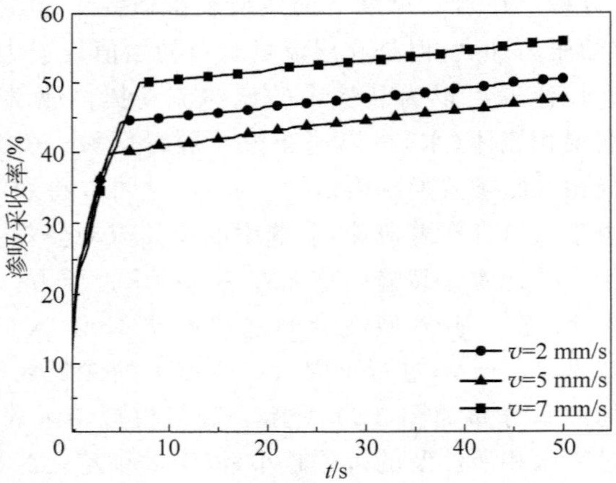

图 5-12 不同流速下缝控基质单元渗吸采收率曲线

渗吸作用参与下,非润湿相(油)也会被开采出来。因此,结合本书所推导的数学模型[式(3-29)],在考虑裂缝中水力压力的作用下,渗吸过程是毛管力与水力压力作为驱动力共同作用的结果,裂缝中的水力压力在渗吸研究过程中是不可忽略的。

5.2.6 孔隙分形维数与毛细管迂曲度的影响

在第 3 章中,基于推导的缝控基质单元质量传输模型,在孔隙尺度下研究了孔隙分形维数以及毛细管迂曲度对渗吸累积产油量的影响。在本节中,通过数值模拟实验将继续研究岩心尺度下分形参数对缝控基质单元渗吸效果的影响。

在微观实验研究中,岩心的分形维数和毛细管迂曲度是由三维孔隙结构确定,通过微 CT 图像计算获得,在理论方法中,以图像计算的孔隙分形维数以及毛细管迂曲度为基础来研究不同分形参数的影响。而在本节的数值模拟研究中,孔隙分形维数以及毛细管迂曲度由二维岩心尺度模型来确定。通过 Python 语言编程技术,在模型尺寸保持不变的情况下,通过随机改变不规则图形的填充密度以及分布,就可以得到不同孔隙分形维数以及毛细管迂曲度的数值模型,如图 5-13 所示。

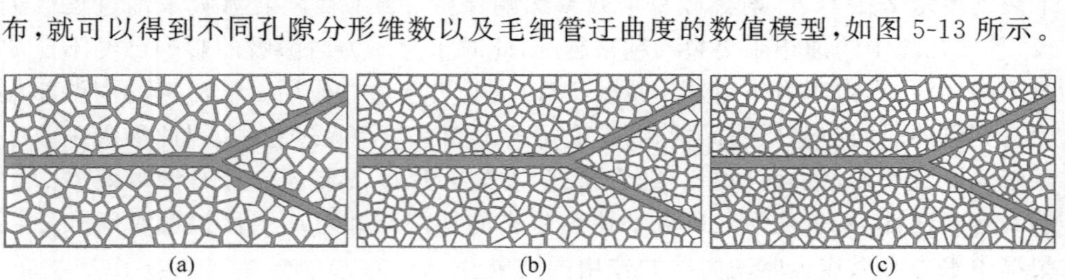

(a) (b) (c)

图 5-13 不同孔隙结构的缝控基质单元数值模型

(a) 单元体个数:200;(b) 单元体个数:400;(c) 单元体个数:500

由图 5-13 可以看出，在不同形状的填充颗粒之间，存在着复杂的孔隙结构。基于此孔隙结构，通过 Avizo™ 图像处理软件中的 Fractal Dimension 模块可以计算出此模型的二维孔隙分形维数，利用 Matlab 软件可以计算出模型的二维毛细管迂曲度。图中骨架颗粒的填充密度分别为 200 个、400 个以及 500 个多边体单元，通过计算，可以得到不同密度填充的骨架颗粒所形成的孔隙结构的分形维数以及毛细管迂曲度见表 5-1。

表 5-1　二维岩心尺度缝控基质单元分形参数

骨架颗粒个数	孔隙分形维数 D_λ	毛细管迂曲度 τ
200	1.49	2.06
400	1.54	2.14
500	1.57	2.19

结合图 5-13 与表 5-1 可以看出，孔隙分形维数主要体现在基质内部复杂性上，而毛细管迂曲度主要体现在孔隙的弯曲程度上。随着基质中骨架颗粒个数的增加，模型孔隙结构变得越来越复杂，孔隙网络通道的弯曲程度越大，孔隙分形维数和毛细管迂曲度同时增大。并且，孔隙分形维数与毛细管迂曲度并不是独立改变的，而是随着孔隙结构变化同时发生动态变化的。

在此基础上，对不同孔隙分形维数以及毛细管迂曲度开展数值模拟计算，结果如图 5-14 所示。由油水两相分布可知，孔隙分形维数以及毛细管迂曲度对渗吸效果影响较大，随着孔隙分形维数与毛细管迂曲度的增大，渗吸波及范围越小。

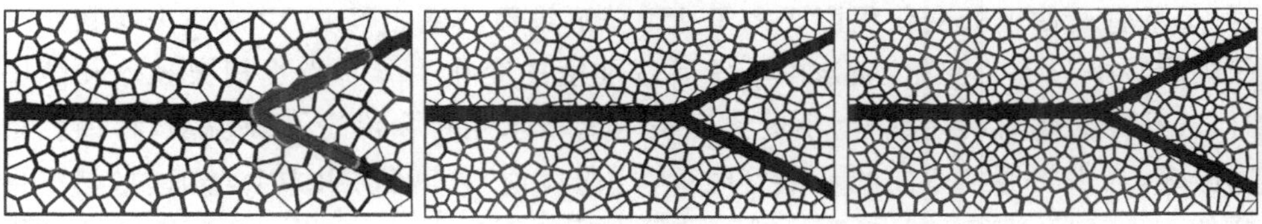

(a)　(b)　(c)

彩图 5-14

图 5-14　不同孔隙分形维数以及毛细管迂曲度下缝控基质单元中的油水分布图

(a) $D_\lambda=1.49, \tau=2.06$；(b) $D_\lambda=1.54, \tau=2.14$；(c) $D_\lambda=1.57, \tau=2.19$

随后，统计了不同孔隙分形维数以及毛细管迂曲度下渗吸采收率变化曲线，见图 5-15。采收率曲线与二维图像直观表达的波及范围保持一致。随着孔隙分形维数与毛细管迂曲度的增大，缝控基质单元渗吸采收率减小。

对比 3.5.3 节中孔隙尺度下理论研究计算结果，在孔隙分形维数方面出现不一致的情况。这是因为，在理论模型研究中，只改变一个参数，而其他参数是恒定的，根据式(3-29)，随着分形维数的增大，或者迂曲度的减小，缝控基质单元渗吸采收率增加。

而在岩心尺度上，改变基质内骨架颗粒的个数，分形维数与迂曲度同时随之变化，若想研究孔隙结构对渗吸采油的影响，则必须将两种分形参数综合考虑。因此，本书定义了一个当基质孔隙结构发生改变时，表征孔隙分形维数与迂曲度相对

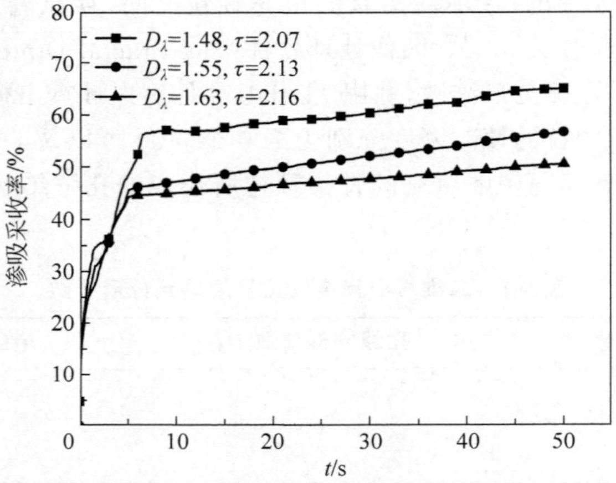

图 5-15 不同孔隙分形参数及毛细管迂曲度下缝控基质单元渗吸采收率曲线

变化程度的参数，称为分形系数，其表达式为

$$\eta = \frac{\Delta D_\lambda}{\Delta \tau} \tag{5-14}$$

式中，η 为分形系数，无量纲；ΔD_λ 为孔隙分形维数的变化量，无量纲；$\Delta\tau$ 为毛细管迂曲度的变化量，无量纲。

根据表 5-1，当缝控基质单元结构变化时（骨架填充颗粒分别为 200 个、400 个和 500 个），可以计算出分形系数分别为 0.625 和 0.6，表明当孔隙结构发生变化时，毛细管迂曲度的变化程度要大于孔隙分形维数的变化程度，由这两个参数所引起的渗吸采收率的变化，应该由毛细管迂曲度的变化主导。当水相被吸入孔隙中时，若孔隙为垂直的毛细管（小迂曲度值），那么水相将会沿着孔隙流动，将油相置换出来，当水相遇到弯曲的毛细管时（大迂曲度值），其流动阻力会增加，水相不再流动；同样地，油相在水相的推动下沿垂直毛细管流动时，油相会源源不断地被推动，最终被驱替至裂缝中，但当油相遇到弯曲毛细管时，需要克服弯曲毛细管所带来的阻力继续流动，最终导致油相停止排出，“卡断”在弯曲处，因此毛细管迂曲度的增大直接导致了最终渗吸采收率的下降。而孔隙分形维数的增大虽然使有效孔径增大[式(3-9)]，进而提高渗吸采收率，但是相比于毛细管迂曲度的主导作用，综合最终采收率仍然是下降的。结合式(3-29)，可以验证数值模拟的正确性。因此，在实际油田生产中，要综合考虑孔隙结构变化过程中分形系数的影响。

5.3 本章小结

根据第 4 章所构建的岩心尺度二维缝控基质单元数值模型，本章基于相场理论，利用 COMSOL Multiphysics 软件开展不同油相黏度、不同润湿性、不同入口流速、不同孔隙分形维数和毛细管迂曲度下的油水两相渗吸数值模拟研究。

(1) 根据 Y-型和 S-型裂缝缝控基质单元渗吸数值模拟结果可知，在 $t=5$ s 前，渗吸采收率变化较快，呈线性增长，短时间内有大量的油被开采出来，此阶段为渗吸初期阶段；在 $t=5$ s 后，渗吸的采出程度变化速率开始变缓，裂缝中的油滴开始汇聚，此阶段为渗吸的中期阶段；在 $t=45$ s 后，渗吸过程趋近于平衡，最终渗吸结束，此阶段为渗吸的后期阶段。Y-型裂缝与 S-型裂缝的最终采收率分别为 50.49%和 39.28%，对比第 2 章的实验结果，虽然数值模拟与实验时间尺度不同，但渗吸产油规律是具有相似性的。进一步对比不同形态裂缝中的油水分布可知分叉裂缝的渗吸效果要好于弯曲裂缝。另外，在岩心尺度下，贾敏效应与孔隙尺度下结果一致，其阻碍渗吸过程的顺利进行。

(2) 针对 Y-型裂缝缝控基质单元，分别对不同油相黏度 $\mu_o=7.56$ mPa·s，100 mPa·s 以及 1000 mPa·s 进行数值模拟。结果表明，油相黏度对渗吸采油效果有很大影响，随着油相黏度的增加，渗吸采收率逐渐降低。

(3) 针对 Y-型裂缝缝控基质单元，分别对接触角 $\theta=30°$、$60°$、$90°$进行数值模拟。数值模拟结果表明，润湿性直接影响着渗吸效果，随着接触角的减小，渗吸过程中水相波及范围越大，渗吸效果越好。值得注意的是，当 $\theta=90°$时，毛管力为 0，此时渗吸不会发生。但给定了润湿流体一定的注入速度，裂缝与基质之间存在着一定的压力差，裂缝中的水力压力作为次要驱动力使得仍有 6.72%的油被开采出来。

(4) 针对 Y-型裂缝缝控基质单元，入口流速分别设定为 2 mm/s、5 mm/s 以及 7 mm/s 进行不同入口流速下的渗吸数值模拟实验。数值模拟结果表明，随着入口流速的增大，渗吸采油过程水相所波及的范围越小，渗吸效果越差。值得注意的是，在渗吸初期阶段($t=0\sim7$ s)，渗吸采收率随着入口流速的增加而增大；随着渗吸过程的继续，在渗吸中后期阶段($t=7\sim50$ s)，渗吸采收率随着入口流速的增加而减小，说明在岩心尺度下入口流速对渗吸效果的影响具有两面性，其表现为流体流动速度带来的润湿相和基质壁面接触时间长短与裂缝中水力压力作为驱动力共同作用的结果。

(5) 针对 Y-型裂缝缝控基质单元，分别填充 200 个、400 个以及 500 个骨架颗粒来表征缝控基质单元孔隙结构的变化，对应的孔隙分形维数分别为：1.49、1.54 和 1.57；毛细管迂曲度分别为：2.04、2.14 和 2.19。分别对不同孔隙结构的数值模型开展数值模拟研究，结果表明，随着孔隙分形维数、毛细管迂曲度的增大，渗吸采收率降低。定义了分形系数来表征基质孔隙结构变化所引起的孔隙分形维数与毛细管迂曲度变化程度的关系，计算了分形系数分别为 0.625 和 0.6，表明孔隙结构变化过程中迂曲度对渗吸采收率起主导作用。对比缝控基质单元质量传输模型[式(3-29)]，可以验证数值模拟的正确性。因此，在实际油田生产中，要综合考虑孔隙结构变化过程中分形系数的影响。

第6章

油藏尺度单裂缝渗吸采收率影响因素分析

本章集中于油藏尺度单裂缝模型构建及渗吸数值模拟研究，基于地质建模软件，以单条裂缝以及均质砂岩来表征裂缝系统及基质系统，建立油藏尺度缝控基质单元理想数值模型。结合现场数据，建立流体模型。通过数值模拟方法，采用吞吐开采方式，对两点井模型进行渗吸采油数值模拟，研究了裂缝中油藏的动态开采过程，在油藏尺度上揭示了渗吸是裂缝性油藏中后期主要的采油机理。

6.1 单裂缝模型油藏尺度数值表征

在低渗透裂缝性油藏中，利用渗吸采油方法来提高油藏的采收率已经被研究人员以及现场工程师所认可。研究人员通过实验、数学模型以及数值模拟来研究渗吸过程的机理，最终研究渗吸采油的采收率，而这些研究都是在基质-裂缝系统（缝控基质单元）上进行的，因此渗吸过程所依赖的载体显得至关重要。

目前，很多研究人员在二维渗吸数值模型表征与建立上，主要应用各种方法将代表基质骨架的圆形颗粒填充到基质中，颗粒与颗粒之间的空隙则代表基质中孔隙结构。起初，通过将等大的圆形颗粒均匀有序地填充到基质中，形成均质的二维多孔介质模型，流体在相同的孔隙通道中流动。虽然这种方法可以建立理想的多孔介质结构并进行数值模拟计算，但并不能有效地反映天然岩心中骨架颗粒的非均质性。同时，有序排列的圆形颗粒形成的孔隙通道规则、均匀地分布在基质中，并不能表征复杂的孔隙结构。

近年来，随着计算机在建模上的发展，有学者改进了均质二维多孔介质建模方法，采用随机的、非重复放置的原则，向给定的区域中放置不同大小的圆形颗粒，来建立二维非均质多孔介质系统。与均质多孔介质模型不同的是，此方法可以产生半径不同的圆形颗粒，并随机地填充到基质区域中，毛细管迂曲度等重要参数可以被定量表征并运用到数值模拟中，极大程度地还原了天然岩心的非均质性以及孔隙结构的复杂性。然而，天然岩心基质中的固体颗粒并非全部是圆形，它们形状各异,并且是杂乱无章的。另外,所建立的模型并未与裂缝系统相结合,只能进行两相流体在基质中的渗流数值模拟计算,值得注意的是,基于以上模型所进行的数值模拟是二维的,并不能有效地反映真实油藏尺度下的三维油水流动过程。

因此,本书以砂岩为研究对象,利用 Petrel 地质建模软件,采用相建模(facies modeling)模块建立油藏尺度三维非均质砂岩基质模型,对所建立的基质模型进行网格划分,网格尺寸为 40 cm×40 cm,见图 6-1。模型中基质系统的参数见表 6-1。

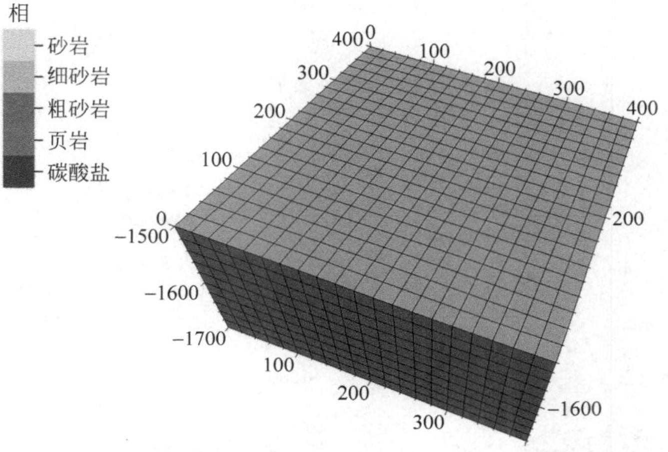

彩图 6-1

图 6-1　油藏尺度三维均质砂岩基质模型

注：横纵坐标为长度,m。

表 6-1　基质模型参数

基质系统成分	孔隙度/%	渗透率/mD	埋深/m	长/m	宽/m	高/m
砂岩	10	1	1500	400	400	200

润湿相(水)主要存在于裂缝中,与基质进行沟通,被吸入基质置换出其中的残余油；被置换出的残余油又回到裂缝中,在裂缝通道内运移至生产井,最终被开采出来。因此裂缝系统作为缝控基质单元渗吸采油的枢纽,对渗吸采油具有重要的意义。本书以一条单条裂缝为研究对象,利用 Petrel 地质建模软件,采用离散型 DFN 建模方法,建立一条走向为 45°的三维垂直裂缝,裂缝渗透率为 1000 mD,裂缝高度为 200 m,如图 6-2 所示。

将第 5 章中的裂缝模型粗化到基质模型中,建立起单裂缝缝控基质单元双孔双渗数值模型,并采用一注一采的布井方式进行开采,生产井坐标为(60,340),生产井坐标为(340,60),见图 6-3。

根据流体性质建立统一的流体模型,地层压力为 25 MPa,温度为 76℃。根据基质与裂缝性质不同,建立两套不同的相渗模型。

彩图 6-2

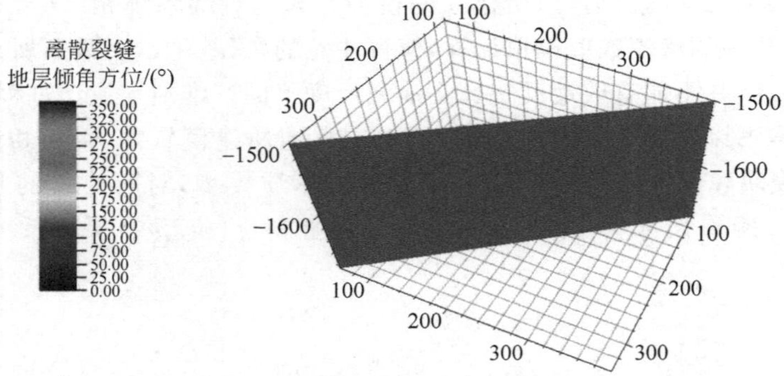

图 6-2　DFN 裂缝模型

注：横纵坐标为长度，m。

彩图 6-3

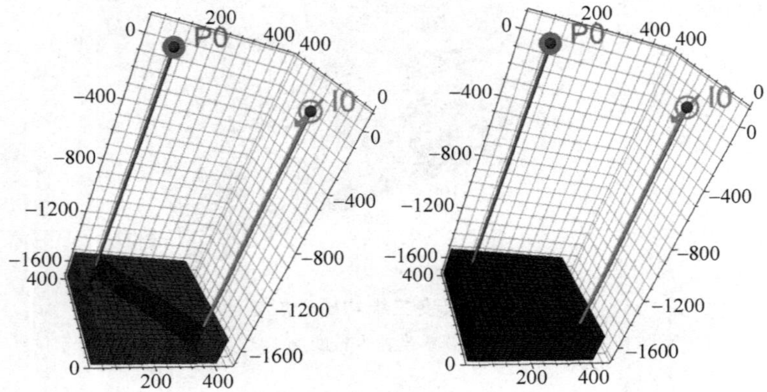

图 6-3　缝控基质单元数值模型

注：横纵坐标为长度，m。

6.2　数值模拟产油量

根据所建立的单裂缝缝控基质单元模型，采用吞吐注采的方式进行渗吸数值模拟。首先在开采初期，利用地层压力进行开采，当采油井含水率达到 80% 时，油井关井。此后进行闷井操作，闷井时间为 2 个月，随后转入吞吐开采，开采周期为闷井 2 个月，开井 1 个月，生产井产油量曲线如图 6-4 所示。由曲线可以看出，在开采初期，在地层压力梯度的作用下，油井产能很高，随着地层压力逐渐降低，油井产能瞬间下降，含水量开始上升；在开采中后期，油井关井，闷井过程中裂缝中的水与基质发生渗吸作用，置换其中的油；再次开井生产时，渗吸作用采出的剩余油被开采出来。

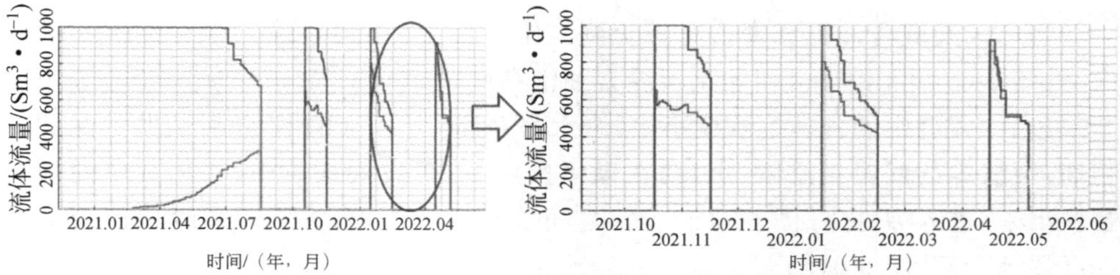

彩图 6-4

图 6-4　缝控基质单元吞吐开采产油与产水曲线

注：绿色代表产油量，蓝色代表产水量。

6.3　数值模拟裂缝含油饱和度

通过研究数值模拟过程中裂缝系统中含油饱和度，可以更加清晰直观地分析渗吸采油的过程。由图 6-5 可以看出，渗吸采油作用在低渗透裂缝性油藏开发中非常明显。在开采初期，裂缝中含油饱和度大，在开采一段时间过后，裂缝中的含油饱和度明显降低；之后，在渗吸的作用下，裂缝中的水开始进入基质并置换其中的油，裂缝含油饱和度出现了上升，渗吸效果明显。

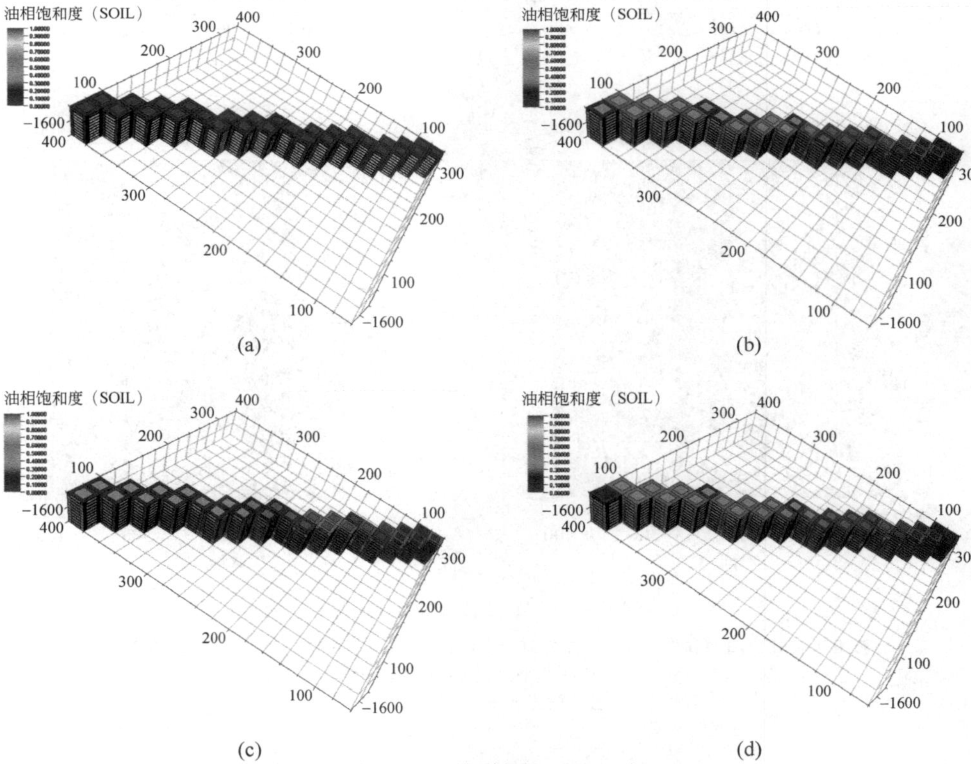

彩图 6-5

图 6-5　三维裂缝含油饱和度

（a）初始化裂缝含油饱和度；（b）关井前裂缝含油饱和度；（c）关井两个月裂缝含油饱和度；（d）再次开井裂缝含油饱和度

注：横纵坐标为长度，m。

将三维裂缝含油饱和度情况转化到二维平面上，得到裂缝二维含油饱和度图像，见图 6-6。可以看出，初始化裂缝含油饱和度为 100%[图 6-6(a)]；经过衰竭式开采过后，裂缝中的含油饱和度下降，含水率升高[图 6-6(b)]；随后关井。在关井初期，裂缝中的润湿相流体（水相）在渗吸作用下，被吸入基质中，并将其中的油相替换出来，进入裂缝中[图 6-6(c)]，并且随着时间的增加，关井后裂缝中的含油饱和度逐渐升高[图 6-6(d)]。

彩图 6-6

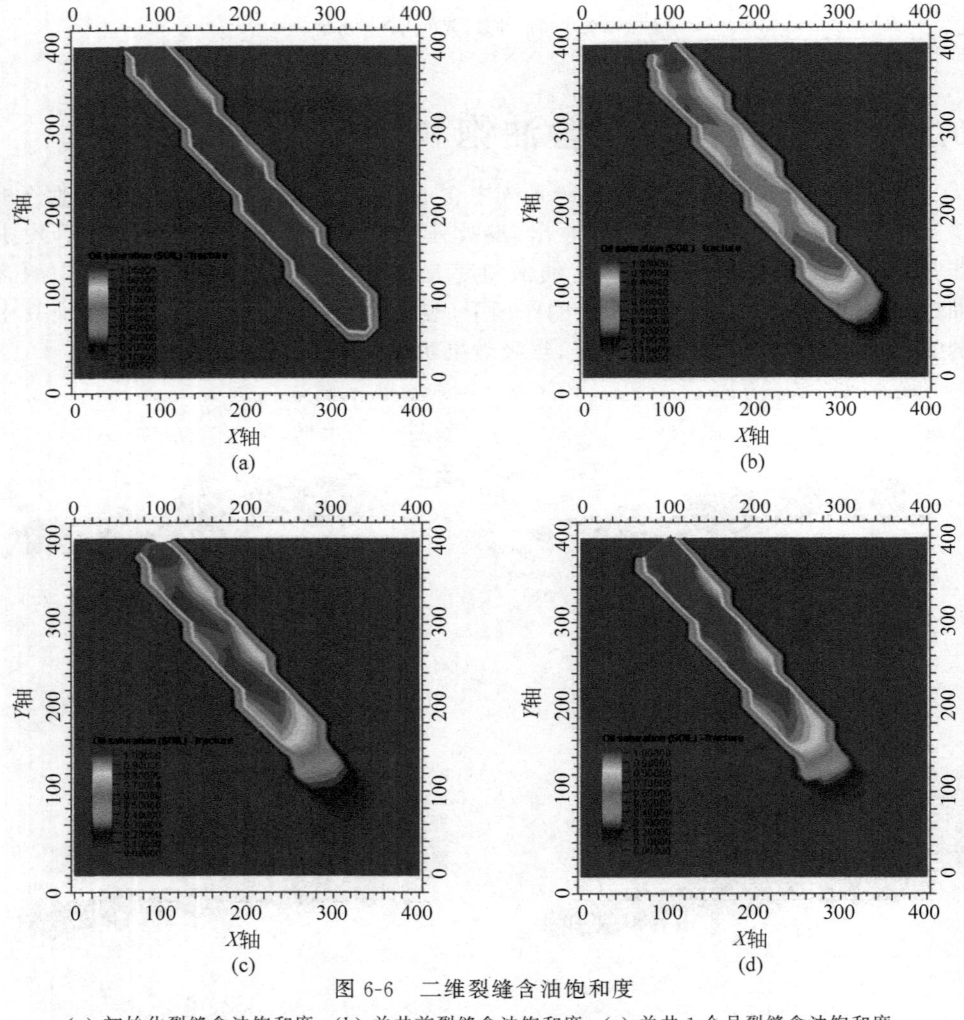

图 6-6　二维裂缝含油饱和度

(a) 初始化裂缝含油饱和度；(b) 关井前裂缝含油饱和度；(c) 关井 1 个月裂缝含油饱和度；(d) 关井 2 个月裂缝含油饱和度

注：横纵坐标为长度，m。

6.4　本章小结

本章通过使用地质建模软件，建立油藏尺度单裂缝模型，并对其进行渗吸数值模拟，研究了裂缝中油藏的动态开采过程，揭示了裂缝性油藏中后期主要的采油机理，并对两点井模型进行了吞吐开采方式的数值模拟。

(1) 本章通过均质基质模型以及离散型DFN建模方法，表征了缝控基质单元基质模型与裂缝模型，最终建立了缝控基质单元双孔双渗模型。

(2) 通过数值模拟，验证了渗吸采油在低渗透裂缝性油藏中的重要作用。数值模拟结果表明，在地层压力梯度的作用下，油井产能很高，随着地层压力逐渐降低，油井产能瞬间下降，含水量开始上升；在开采中后期，油井关井，闷井过程中裂缝中的水与基质发生渗吸作用，置换其中的油；再次开井生产时，渗吸作用采出的剩余油被开采，动用含油面积20 km^2、地质储量150 kt难以动用残余油，采收率提高2%。

第7章 结论与展望

7.1 结论

本书主要以实验研究、理论分析以及数值模拟相结合的方法，在孔隙尺度与岩心尺度视角下，基于分形理论、渗流力学、图像分析技术、计算机科学等多学科理论，围绕缝控基质单元渗吸过程中贾敏效应的影响、微观水相赋存状态以及分布演化规律、孔径分布对渗吸效果的影响、复杂混合润湿性对微观渗吸采油的影响、质量传输方程改进以及不同尺度下多参数对渗吸采油效果的影响等问题，开展了缝控基质单元不同尺度模型重建、渗吸机理以及影响因素的研究。为直观描述和定量分析低渗透裂缝性油藏渗吸采油过程中孔隙结构以及压力对渗吸采收率的影响提供理论依据。本书的主要研究成果如下。

(1) 提出了基于微观自发渗吸-微 CT 成像-NMR 实验的孔隙尺度微观渗吸可视化、定量化分析方法。微观渗吸机理研究结果表明：导致贾敏效应的主要原因为孔喉连接处水-油界面处的负平均曲率(毛管力)；网络状和簇状水相是渗吸过程的主要贡献区域，孔隙结构与驱动力的变化直接导致网络状、簇状水相和孤立状水相之间的相互演化。对孔径分布进行量化，并将其划分为三类：非渗吸区、次主渗吸区和主渗吸区。在混合润湿孔隙中，水湿壁面的存在可以产生有效的渗吸，孔隙中水湿壁面面积越大，水湿性越强，渗吸采收率越高。此外，负平均毛管力也能产生渗吸效果。

(2) 改进了缝控基质单元质量传输模型，明确了缝控基质单元有效孔隙度和累积产油量的计算方法。微观渗吸影响因素研究表明：分形维数主要控制孔隙结构来影响渗吸采收率；孔隙压力 Δp 对渗吸采收率的影响主要体现在有效孔径的改变上；而裂缝中水力压力 p_h 作为驱动力使更多的残余油被开采出来，渗吸的整个过程是 p_c 和 p_h 共同作用的结果。

(3) 提出了一种新的、低损伤的岩心重构方法，建立了缝控基质单元岩心尺度物理模型，确保了岩心基质组成成分和物理性质的完整性，反映了实际储层中裂缝体系与基质体系的渗透率差异。提出了不规则多边形不重叠随机填充的缝控基质单元基质系统表征方法，建立了二维缝控基质单元岩心尺度数值模型。

（4）进行了岩心油水两相渗吸数值模拟研究，结果表明：分叉裂缝的渗吸效果要好于弯曲裂缝；贾敏效应在岩心尺度下与孔隙尺度下对渗吸效果的影响表现出一致性，其阻碍渗吸过程的顺利进行；较大黏度的油滴在孔隙中流动会产生较大的流动阻力，最终导致渗吸采收率减小；岩心尺度与孔隙尺度下的宏观润湿性对渗吸的影响规律是一致的，当 $\theta=90°$ 时，裂缝中的水力压力作为驱动力使得仍有 6.72%的油被开采出来；入口流速对渗吸效果的影响具有两面性，其表现为流体流动速度带来的润湿相和基质壁面接触时间长短与裂缝中水力压力作为驱动力共同作用的结果；渗吸采收率同时受孔隙分形维数与毛细管迂曲度的综合影响，定义分形系数来表征基质孔隙结构变化所引起的孔隙分形维数与毛细管迂曲度变化程度之间的关系，迂曲度对本书研究模型的渗吸采收率起主导作用。

（5）建立了单裂缝缝控基质单元模型，采用吞吐采油方法，在宏观尺度上开展了渗吸采油数值模拟研究。确定了裂缝性油藏采油中后期渗吸采油是提高采收率的主要方式，裂缝中的水被毛管力吸收到基质中，油被替换，渗吸采油可以使采收率提高 5%。在油藏尺度上，明确了渗吸采油对低渗透油藏开采的重要性。

虽然本书主要以低渗透裂缝性油藏渗吸开采的工程实践为研究对象，但提出的孔隙尺度与岩心尺度渗吸机理与参数影响规律可以推广至涉及渗吸的各研究领域，具有广泛的研究意义和实用价值。

7.2 展望

本书对不同尺度下的缝控基质单元模型构建以及渗吸机理进行了探索，并取得了一定的成果，但该研究领域涉及多学科的交叉运用以及不同尺度研究，因此仍有以下问题需要进一步研究和完善。

（1）在岩心尺度裂缝系统表征中，Y-型裂缝与 S-型裂缝需要进一步升级。如何建立更加复杂的裂缝网络是物理模型重构研究的发展方向，有必要开展复杂裂缝网络缝控基质单元模型构建的相关研究。

（2）由于尺度效应限制，岩心尺度下的缝控基质单元渗吸实验受 CT 精度、岩心尺度等因素的制约。如何开展图形可视化的岩心尺度缝控基质单元动态渗吸实验是多尺度缝控基质单元渗吸采油研究的发展方向。

参考文献

[1] 中华人民共和国自然资源部. 中国矿产资源报告(2024)[M]. 北京：地质出版社，2024.

[2] 何梦莹. 致密砂岩渗吸规律研究[D]. 武汉：长江大学，2017.

[3] 魏铭江. 裂缝性油藏基质岩心自然渗吸实验研究[D]. 成都：西南石油大学，2015.

[4] JI B，FANG J. An overview of efficient development practices at low permeability sandstone reservoirs in China[J]. Energy Geoscience，2023，4(3)：149-157.

[5] 李道品. 低渗透油田高效开发决策论[M]. 北京：石油工业出版社，2003.

[6] DOU L，XIAO Y，GAO H，et al. The study of enhanced displacement efficiency in tight sandstone from the combination of spontaneous and dynamic imbibition[J]. Journal of Petroleum Science and Engineering，2021，199：108327.

[7] 贾磊. 低渗-特低渗裂缝性油藏堵水调剖技术[J]. 石化技术，2019，26(9)：7.

[8] 刘建军. 裂缝性低渗透砂岩油藏流-固耦合理论及应用[D]. 廊坊：中国科学院研究生院，2001.

[9] 刘建军，冯夏庭，刘先贵. 裂缝性砂岩油藏水驱效果的物理及数值模拟[J]. 岩石力学与工程学报，2004，23(14)：2313-2318.

[10] WANG H T，GUO J J，ZHANG L H. A semi-analytical model for multilateral horizontal wells in low-permeability naturally fractured reservoirs [J]. Journal of Petroleum Science and Engineering，2017，149：564-578.

[11] HE Y M，CHEN X C，ZHANG Y，et al. Modeling interporosity flow functions and shape factors in low-permeability naturally fractured reservoir [J]. Journal of Petroleum Science and Engineering，2017，156：110-117.

[12] 汪明志. 裂缝性低渗透砂岩油藏合理注水压力研究[J]. 化工设计通讯，2018，44(8)：227-228.

[13] 曹洪，罗立娟，李照永，等. 大庆外围低渗透裂缝性油层剩余油预测方法[J]. 复杂油气藏，2019，12(3)：41-45，55.

[14] LIU W C，ZHANG Q T，ZHU W Y. Numerical simulation of multi-stage fractured horizontal well in low-permeable oil reservoir with threshold pressure gradient with moving boundary[J]. Journal of Petroleum Science and Engineering，2019，178：1112-1127.

[15] 王铭显，范子菲，罗万静，等. 特低渗油藏多段压裂水平井注水可行性分析[J]. 现代地质，2016，30(6)：1361-1369.

[16] 房雨佳，杨二龙，殷代印. 裂缝性低渗透油藏不同含水阶段剩余油动用比例研究[J]. 油气藏评价与开发，2019，9(4)：12-18.

[17] 陶珍，田昌炳，熊春明，等. 超低渗透油藏压裂水平井注采缝网形式研究[J]. 西南石油大学学报(自然科学版)，2016，38(4)：101-109.

[18] 张慧先，常广涛. 裂缝性特低渗油藏井网调整优化研究[J]. 中外能源，2017，22(1)：53-57.

[19] 曹孟京，吴晓东，安永生，等. 低渗透油藏高含水期压裂水平井流入动态[J]. 科学技术与工程，2018，18(26)：91-95.

[20] 郑文宽，刘月田，刘泽华，等. 低渗透裂缝性潜山稠油油藏物理模拟实验研究[J]. 油气地

质与采收率,2017,24(3): 78-84.

[21] 刘焱. 低渗透裂缝性油藏 CO_2 驱油效果影响因素研究[D]. 北京: 中国石油大学(北京),2018.

[22] ZHANG C L, WANG P, SONG G L, et al. Optimization and evaluation of binary composite foam system with low interfacial tension in low permeability fractured reservoir with high salinity[J]. Journal of Petroleum Science and Engineering,2018,160: 247-257.

[23] 全洪慧,朱玉双,张章. 裂缝性低渗透油藏合理注水开发对策研究[J]. 地下水,2018,40(2): 90-92,124.

[24] 陈欢庆,李顺明,邓晓娟. 低渗透油田精细油藏描述研究进展[J]. 科学技术与工程,2018,18(32): 129-142.

[25] 李宁,刘东明,郑小敏,等. 精细油藏数值模拟技术在低渗透裂缝型油藏中的应用[C]//西安石油大学,陕西省石油学会. 2018 油气田勘探与开发国际会议(IFEDC 2018)论文集. 中石油集团测井有限公司生产测井中心; 中石油集团测井有限公司技术中心,2018: 1615-1620.

[26] 王美楠,张俊廷,龙明,等. 低渗透裂缝性油藏变形双重介质试井解释模型[J]. 中国石油和化工标准与质量,2018,38(17): 127-129.

[27] ZHANG Q T,ZHU W Y,LIU W C,et al. Numerical simulation of fractured vertical well in low-permeable oil reservoir with proppant distribution in hydraulic fracture[J]. Journal of Petroleum Science and Engineering,2020,195:107587.

[28] 周游,李治平,张磊,等. 裂缝性特低渗透油藏 CO_2 驱封窜技术研究[J]. 油田化学,2017,34(1): 64-68,78.

[29] SONG Z J,HOU J R,LIU X C,et al. Conformance control for CO_2-EOR in naturally fractured low permeability oil reservoirs [J]. Journal of Petroleum Science and Engineering,2018,166: 225-234.

[30] 王凤刚,侯吉瑞,赵凤兰,等. 低渗透裂缝性油藏两级封窜扩大波及体积技术[J]. 油田化学,2019,36(3): 477-481.

[31] 汤勇,廖松林,雷欣慧,等. 黄 3 区低渗透裂缝性油藏提高 CO_2 驱波及对策研究[J]. 油气藏评价与开发,2019,9(3): 9-13.

[32] PU C S,JING C,HE Y L,et al. Multistage interwell chemical tracing for step-by-step profile control of water channeling and flooding of fractured ultra-low permeability reservoirs[J]. Petroleum Exploration and Development,2016,43(4): 679-688.

[33] 刘家林,刘涛,王运萍,等. 体膨颗粒/凝胶体系在低渗裂缝性油藏的应用[J]. 精细石油化工进展,2018,19(3): 8-12.

[34] 周亚琴. 鄂尔多斯盆地裂缝性超低渗透油藏水淹规律及水窜治理[J]. 内蒙古石油化工,2014,40(24): 145-148.

[35] 胡灵芝,赵金洲,魏鹏,等. 玉门 H 低渗透裂缝油藏强化泡沫防气窜实验研究[J]. 西南石油大学学报(自然科学版),2019,41(5): 96-104.

[36] 杨玉伟,渠波,曹培涛,等. 裂缝性低渗透油藏聚合物微球/表面活性剂复合段塞调驱技术[J]. 钻采工艺,2019,42(3): 53-56,9.

[37] LI L,HAN X T,MENG L. Experimental research on profile control for oil displacement by functional polymer in low permeability fractured reservoir[J]. Physics Procedia,2012,25: 1292-1300.

[38] 曹旭升，韩昀，张继卓，等. 渗吸效应对裂缝性低渗砾岩油藏开发的影响——以玛湖乌尔禾组储层为例[J]. 岩性油气藏，2020，32(4)：155-162.

[39] BROWNSCOMBE E R，DYES A B. Water-imbibition displacement—can it release reluctant spraberry oil[J]. Oil and Gas Journal，1952，49：141-152.

[40] YANG K，WANG F Y，ZHAO J Y. Experimental study of surfactant-enhanced spontaneous imbibition in fractured tight sandstone reservoirs：The effect of fracture distribution[J]. Petroleum Science，2023，20(1)：370-381.

[41] BIRKS J. A theoretical investigation into the recovery of oil from fissured limestone formations by water-drive and gas-cap drive[C]//World Petroleum Congress. WPC，1955：WPC-6122.

[42] BOBEK J E，MATTAX C C，DENEKAS M O. Reservoir rock wettability-its significance and evaluation [J]. Transaction of American Institute of Mining，Metallurgical，and Petroleum Engineers，1958，213(7)：155-160.

[43] GRAHAM J W，RICHARDSON J G. Theory and application of imbibition phenomena in recovery of oil[J]. Journal of Petroleum Technology，1959，11(2)：65-69.

[44] HANDY L L. Determination of effective capillary pressures for porous media from imbibition data[J]. Petroleum Transactions AIME，1960，219：75-80.

[45] PARONS R W，CHANEY P R. Imbibition model studies on water-wet carbonate rocks[J]. SPE Journal，1966，1：26-34.

[46] XIAO Y，LIU Y，HE Y，et al. Impacts of mineralogy and pore structure on spontaneous imbibition in tight glutenite reservoirs [J]. Geoenergy Science and Engineering，2023，227：211943.

[47] JIA C，XIAO B，YOU L，et al. Experimental study of water imbibition characteristics of the lacustrine shale in Sichuan Basin[J]. Petroleum，2022，9(4)：572-578.

[48] IRAJI S，SOLTANMOHAMMADI R，MUNOZ E R，et al. Core scale investigation of fluid flow in the heterogeneous porous media based on X-ray computed tomography images：Upscaling and history matching approaches[J]. Geoenergy Science and Engineering，2023，225：211716.

[49] 谢坤，韩大伟，卢祥国，等. 高温低渗油藏表面活性剂裂缝动态渗吸研究[J]. 油气藏评价与开发，2017，7(3)：39-43，66.

[50] 谭佳，兰林，陈智晖. 致密气藏岩石毛管自吸特征研究[C]//全国工业表面活性剂中心，中国油田化学品协会. 2009 中国油田化学品发展研讨会论文集：240-242.

[51] 李果，张诗通. 用石英玻璃模拟低渗砂岩毛细管渗吸效应的研究[J]. 重庆科技学院学报(自然科学版)，2010，12(3)：1-3，7.

[52] 丁祖鹏，刘月田，屈亚光. 裂缝油藏基质裂缝耦合渗流三维宏观物理实验[J]. 特种油气藏，2013，20(6)：109-111.

[53] 钟家峻，杨小军，陈燕虎，等. 低渗透岩心自然渗吸实验新方法[J]. 石油化工应用，2013，32(6)：61-65.

[54] 胡勇，李熙喆，万玉金，等. 裂缝气藏水侵机理及对开发影响实验研究[J]. 天然气地球科学，2016，27(5)：910-917.

[55] 濮御，王秀宇，杨胜来，等. 一种电子式高精度静态渗吸测量装置的研究：有效预测致密储层的渗吸采收率[J]. 石油化工应用，2016，35(5)：5-8.

[56] 吴润桐,杨胜来,王敉邦,等.致密砂岩静态渗吸实验研究[J].辽宁石油化工大学学报,2017,37(3):24-29.

[57] 汪伟英,张公社.束缚水饱和度、岩石性质对渗吸的影响[J].石油学报,2000,21(3):66-69.

[58] 游利军.致密砂岩气层水相圈闭损害机理及应用研究[D].成都:西南石油大学,2004.

[59] 王锐,岳湘安,尤源,等.裂缝性低渗油藏周期注水与渗吸效应实验[J].西安石油大学学报(自然科学版),2007,22(6):56-59.

[60] 刘向君,戴岑璞.低渗透砂岩渗吸驱油规律实验研究[J].钻采工艺,2008,31(6):110-112.

[61] 马小明,陈俊宇,唐海,等.低渗裂缝性油藏渗吸注水实验研究[J].大庆石油地质与开发,2008,27(6):64-68.

[62] 张星,毕义泉,汪庐山,等.低渗透砂岩油藏渗吸采油技术[J].辽宁工程技术大学学报(自然科学版),2009,28(S1):153-155.

[63] 王家禄,刘玉章,陈茂谦,等.低渗透油藏裂缝动态渗吸机理实验研究[J].石油勘探与开发,2009,36(1):86-90.

[64] 沈巍,贾东林.低渗透砂岩储层渗吸机理研究[J].辽宁化工,2015,11:1393-1395.

[65] 郭宇,张天宇,刘哲,等.裂缝性碳酸盐岩油藏脉冲注水研究[J].石油化工应用,2016,35(1):41-43.

[66] 韦青,李治平,王香增,等.裂缝性致密砂岩储层渗吸机理及影响因素——以鄂尔多斯盆地吴起地区长8储层为例[J].油气地质与采收率,2016,23(4):102-107.

[67] AMOTT E. Observations relating to the wettability of porous rock[J]. Transactions of the AIME,1958,216(1):156-162.

[68] 孙仁远,马自超,范坤坤,等.低渗透碳酸盐岩稠油油藏岩石渗吸试验研究[J].石油天然气学报,2014,36(1):88-91.

[69] JADHUNANDAN P P,MORROW N R. Effect of wettability on waterflood recovery for crude-oil/brine/rock systems[J]. SPE Reservoir Engineering,1995,10(1):40-46.

[70] STANDNES D C,AUSTAD T. Wettability alteration in chalk: 2. Mechanism for wettability alteration from oil-wet to water-wet using surfactants[J]. Journal of Petroleum Science and Engineering,2000,28(3):123-143.

[71] JABBARI H,AFSARI K,RABIEI M,et al. Thermally-induced wettability alteration from hot-water imbibition in naturally fractured reservoirs-Part 1: Numerical model development & 1D models[J]. Fuel,2017,208(15):682-691.

[72] ALAAMRI J,IGLAUER S,HOTEIT H. Interplay of interfacial tension and capillarity: Optimizing surfactant displacement efficiency in reservoirs[J]. Journal of Molecular Liquids,2024,395:123915.

[73] REGO F B,ELTAHAN E,SEPEHRNOORI K. Wettability alteration and improved oil recovery in unconventional resources[J]. Journal of Petroleum Science & Engineering,2022,212:110292.

[74] BU X,HAN M,ALSOFI A M. Core-scale modeling of surfactant-assisted spontaneous water imbibition in carbonates[J]. Petroleum,2022,8(4):458-465.

[75] LIANG T,ZHAO X,YUAN S,et al. Surfactant-EOR in tight oil reservoirs: Current status and a systematic surfactant screening method with field experiments-ScienceDirect[J]. Journal of Petroleum Science and Engineering,2021,196:108097.

[76] BEHERA U S,SANGWAI J S. Nanofluids of Silica Nanoparticles in Low Salinity Water with Surfactant and Polymer (SMART LowSal) for Enhanced Oil Recovery[J]. Journal of Molecular Liquids,2021,342(3):117388.

[77] SHALBAFAN M,ESMAEILZADEH F,SAFAEI A,et al. Experimental investigation of wettability alteration and oil recovery enhance in carbonate reservoirs using iron oxide nanoparticles coated with EDTA or SLS[J]. Journal of Petroleum Science and Engineering, 2019,180:559-568.

[78] 李士奎,刘卫东,张海琴,等. 低渗透油藏自发渗吸驱油实验研究[J]. 石油学报,2007,28(2):109-112.

[79] 李鹏,康毅力,游利军,等. 致密砂岩液相毛细管渗吸调控实验研究[J]. 西安石油大学学报(自然科学版),2007,22(S1):71-74.

[80] 韩冬,彭昱强,郭尚平. 表面活性剂对水湿砂岩的渗吸规律及其对采收率的影响[J]. 中国石油大学学报(自然科学版),2009,33(6):142-147.

[81] 彭昱强,郭尚平,韩冬,等. 表面活性剂对中性砂岩渗吸的影响[J]. 油气地质与采收率,2010,17(4):48-51.

[82] 曹立迎,孙建芳,徐婷,等. 碳酸盐岩油藏岩石润湿性评价实验研究[J]. 油气地质与采收率,2014,21(4):89-92.

[83] 孙琳,蒲万芬,辛军,等. 表面活性剂对低渗岩心高温渗吸的影响[J]. 中国石油大学学报(自然科学版),2012,36(6):103-107.

[84] 于馥玮,姜汉桥,苏航. 十二烷基硫酸钠对致密砂岩渗吸的影响[J]. 石油化工高等学校学报,2015,28(3):45-50.

[85] 李洪,李治平,王香增,等. 表面活性剂对低渗透油藏渗吸敏感因素的影响[J]. 石油钻探技术,2016,44(5):100-103.

[86] 沈安琪,刘义坤,邱晓惠,等. 表面活性剂提高致密油藏渗吸采收率研究[J]. 油田化学,2016,33(4):696-699.

[87] 苏煜彬,林冠宇,韩悦. 表面活性剂对致密砂岩储层自发渗吸驱油的影响[J]. 断块油气田,2017,24(5):691-694.

[88] 李帅,丁云宏,刘广峰,等. 致密储层体积改造润湿反转提高采收率的研究[J]. 深圳大学学报(理工版),2017,34(1):98-104.

[89] IFFLY R,ROUSSELET D C,VERMEULEN J L. Fundamental study of imbibition in fissured oil fields[C]//Fall Meeting of the Society of Petroleum Engineers of AIME, 1972:SPE-4102.

[90] 陈淦,宋志理. 火烧山油田基质岩块渗吸特征[J]. 新疆石油地质,1994,15(3):268-275.

[91] POOLADI-DARVISH M,FIROOZABADI A. Cocurrent and countercurrent imbibition in a water-wet matrix block[J]. SPE Journal,2000,5(1):3-11.

[92] GRAUE A,FERNØ M A. Water mixing during spontaneous imbibition at different boundary and wettability conditions[J]. Journal of Petroleum Science and Engineering,2011,78(3):586-595.

[93] MASON G,FERNØ M A,HAUGEN Å,et al. Spontaneous counter-current imbibition outwards from a hemi-spherical depression[J]. Journal of Petroleum Science and Engineering,2012,91(7):131-138.

[94] MENG Q,LIU H,WANG J,et al. Effect of gravity on spontaneous imbibition from cores

with two ends open in the frontal flow period[J]. Journal of Petroleum Science and Engineering,2016,141:16-23.

[95] AKIN S,SCHEMBRE J M,BHAT S K,et al. Spontaneous imbibition characteristics of diatomite[J]. Journal of Petroleum Science and Engineering,2000,25(3): 149-165.

[96] GERMAN E R,KOVSCEK A R. Experimental and analytical study of multidimensional imbibition in fractured porous media[J]. Journal of Petroleum Science and Engineering, 2002,36(1): 45-60.

[97] KARPYN Z T,HALLECK P M,GRADER A S. An experimental study of spontaneous imbibition in fractured sandstone with contrasting sedimentary layers[J]. Journal of Petroleum Science and Engineering,2009,67(1/2): 48-56.

[98] MIRZAEI M D,DICARLO D A,POPE G A. Visualization and analysis of surfactant imbibition into oil-wet fractured cores[J]. SPE Journal,2016,21(1): 101-111.

[99] 华方奇,宫长路,熊伟,等. 低渗透砂岩油藏渗吸规律研究[J]. 大庆石油地质与开发,2003, 22(3): 50-52.

[100] BERG S,RÜCKER M,OTT H,et al. Connected pathway relative permeability from pore-scale imaging of imbibition[J]. Advances in Water Resources,2016,90: 24-35.

[101] GARING C,JACQUES A D C,VOLTOLINI M,et al. Pore-scale capillary pressure analysis using multi-scale X-ray micromotography[J]. Advance in Water Resources, 2017,104: 223-241.

[102] SETIAWAN A,NOMURA H,SUEKANE T. Microtomography of imbibition phenomena and trapping mechanism[J]. Transport in Porous Media,2012,92(2): 243-257.

[103] DUTTA R,LEE C H,ODUMABO S,et al. Experimental investigation of fracturing-fluid migration caused by spontaneous imbibition in fractured low-permeability sands[J]. SPE Reservoir Evaluation & Engineering,2014,17(1): 74-81.

[104] SHABANINEJAD M,MIDDLETON J,LATHAM S,et al. Pore-scale analysis of residual oil in a reservoir sandstone and its dependence on water flood salinity,oil composition, and local mineralogy[J]. Energy & Fuels. 2017,31(12): 13221-13232.

[105] AKBARABADI M,SARAJI S,PIRI M,et al. Nano-scale experimental investigation of in-situ wettability and spontaneous imbibition in ultra-tight reservoir rocks[J]. Advance in Water Resources,2017,107: 160-179.

[106] KHISHVAND M,ALIZADEH A H,PIRI M. In-situ characterization of wettability and pore-scale displacements during two-and three-phase flow in natural porous media[J]. Advance in Water Resources,2016,97: 279-298.

[107] ALRATROUT A,BLUNT M J,BIJELJIC B. Spatial correlation of contact angle and curvature in pore-space images[J]. Advance in Water Resources,2018,54(9): 6133-6152.

[108] 李帅,丁云宏,才博,等. 致密储层体积改造润湿反转实验及模拟研究[J]. 特种油气藏, 2016,23(6): 107-110.

[109] GU X,PU C,HUANG H,et al. Micro-influencing mechanism of permeability on spontaneous imbibition recovery for tight sandstone reservoirs[J]. Petroleum Exploration and Development. 2017,44(6): 1003-1009.

[110] GU X,PU C,KHAN N,et al. The visual and quantitative study of remaining oil micro-occurrence caused by spontaneous imbibition in extra-low permeability sandstone using

computed tomography[J]. Fuel,2019,237: 152-162.

[111] CHAKRABORTY N,KARPYN Z T,LIU S,et al. Permeability evolution of shale during spontaneous imbibition[J]. Journal of Natural Gas Science and Engineering,2017,38: 590-596.

[112] SUN Y,KHARAGHANI A,TSOTSAS E. Micro-model experiments and pore network simulations of liquid imbibition in porous media[J]. Chemical Engineering Science,2016,150: 41-53.

[113] 王敉邦,杨胜来,吴润桐,等.渗吸研究中的典型问题与研究方法概述[J].石油化工应用,2016,35(7): 1-4.

[114] BALDWIN B A,SPINLER E A. In situ saturation development during spontaneous imbibition[J]. Journal of Petroleum Science and Engineering,2002,35(1): 23-32.

[115] 朱维耀,鞠岩,赵明,等.低渗透裂缝性砂岩油藏多孔介质渗吸机理研究[J].石油学报,2002,23(6): 56-59.

[116] 郭钢,薛小佳,李楷,等.压裂液存留液对致密油储层渗吸替油效果的影响[J].钻井液与完井液,2016,33(6): 121-126.

[117] LUCAS R. Rate of capillary ascension of liquids[J]. Kolloid-Zeitschrift,1918,23(15): 15-22.

[118] WASHBURN E W. The dynamics of capillary flow[J]. Physical Review Journals Archive,1921,17(3): 273-283.

[119] ARONOFSKY J S,MASSE L,NATANSON S G. A model for the mechanism of oil recovery from the porous matrix due to water invasion in fractured reservoirs[J]. Society of Petroleum Engineers,1958,213(1): 17-19.

[120] DULLIEN F A L,EL-SAYED M S,BATRA V K. Rate of capillary rise in porous media with nonuniform pores[J]. Journal of Colloid and Interface Science,1977,60(3): 497-506.

[121] HAMMECKER C,JEANNETTE D. Modelling the capillary imbibition kinetics in sedimentary rocks: role of petrographical features[J]. Transport in Porous Media,1994,17(3): 285-303.

[122] LEVENTIS A,VERGANELAKIS D A,HALSE M R,et al. Capillary imbibition and pore characterisation in cement pastes[J]. Transport in Porous Media,2000,39(2): 143-157.

[123] BENAVENTE D,LOCK P,ÁNGELES GARCÍA DEL CURA M,et al. Predicting the capillary imbibition of porous rocks from microstructure[J]. Transport in Porous Media,2002,49(1): 59-76.

[124] CAI J C,YU B M. A discussion of the effect of tortuosity on the capillary imbibition in porous media[J]. Transport in Porous Media,2011,89(2): 251-263.

[125] KAZEMI H,MERRILL L S. Numerical simulation of water imbibition in fracture cores[J]. Journal of Petroleum Science and Engineering,1979,16: 175-182.

[126] MATTAX C C,KYTE J R. Imbibition oil recovery from fractured,water-drive reservoir[J]. Society of Petroleum Engineers Journal,1962,2(2): 177-184.

[127] PREY E D. Gravity and capillarity effects on imbibition in porous media[J]. Society of Petroleum Engineers Journal,1978,18(18): 195-206.

[128] SCHECHTER D S,ZHOU D,ORR F M. Low IFT drainage and imbibition[J]. Journal

of Petroleum Science and Engineering,1994,11(4): 283-300.

[129] AUSTAD T,STANDNES D C. Spontaneous imbibition of water into oil-wet carbonates [J]. Journal of Petroleum Science and Engineering,2003,39(3): 363-376.

[130] BABADAGLI T. Analysis of oil recovery by spontaneous imbibition of surfactant solution [J]. Oil & Gas Science and Technology,2005,60(4): 697-710.

[131] ABBASI J,RIAZI M,GHAEDI M,et al. Modified shape factor incorporating gravity effects for scaling countercurrent imbibition [J]. Journal of Petroleum Science and Engineering,2017,150: 108-114.

[132] CAI J C,YOU L J,HU X Y,et al. Prediction of effective permeability in porous media based on spontaneous imbibition effect[J]. International Journal of Modern Physics C, 2012,23(7): 1-12.

[133] TAVASSOLI Z,ZIMMERMAN R W,BLUNT M J. Analysis of counter-current imbibition with gravity in weakly water-wet systems[J]. Journal of Petroleum Science and Engineering, 2005,48(1): 94-104.

[134] XU Z,CHENG L,CAO R,et al. Simulation of counter-current imbibition in single matrix and field scale using radical integral boundary element method[J]. Journal of Petroleum Science and Engineering,2017,156: 125-133.

[135] MIRZAEI-PAIAMAN A,KORD S,HAMIDPOUR E,et al. Scaling one- and multi-dimensional co-current spontaneous imbibition processes in fractured reservoirs[J]. Fuel, 2017,196: 458-472.

[136] SCHMID K S,GEIGER S,SORBIE K S. Semianalytical solutions for cocurrent and countercurrent imbibition and dispersion of solutes in immiscible two-phase flow[J]. Water Resources Research,2011,47(2): 2144-2150.

[137] SCHMID K S,GEIGER S. Universal scaling of spontaneous imbibition for arbitrary petrophysical properties: Water-wet and mixed-wet states and Handy's conjecture[J]. Journal of Petroleum Science and Engineering,2013,101: 44-61.

[138] FOLEY A Y,NOORUDDIN H A,BLUNT M J. The impact of capillary backpressure on spontaneous counter-current imbibition in porous media[J]. Advances in Water Resources, 2017,107: 405-420.

[139] WANG F Y,ZHAO J Y. A mathematical model for co-current spontaneous water imbibition into oil-saturated tight sandstone: upscaling from pore-scale to core-scale with fractal approach [J]. Journal of Petroleum Science and Engineering,2019,178: 376-388.

[140] ZHONG Y,ZHANG H,KURU E,et al. The forced imbibition model for fracturing fluid into gas shales[J]. Journal of Petroleum Science and Engineering,2019,179: 684-695.

[141] WEI W,CAI J C,XIAO J F,et al. Kozeny-Carman constant of porous media: Insights from fractal-capillary imbibition theory[J]. Fuel,2018,234: 1373-1379.

[142] CAI J C,SUN S Y. Fractal analysis of fracture increasing spontaneous imbibition in porous media with gas-saturated[J]. International Journal of Modern Physics C,2013, 24(8): 1350056.

[143] CAI J C,YU B M,ZOU M,et al. Fractal characterization of spontaneous co-current imbibition in porous media[J]. Energy & Fuels,2010,24(3): 1860-1867.

[144] CAI J C,PERFECT E,CHENG C L,et al. Generalized modeling of spontaneous

imbibition based on Hagen-Poiseuille flow in tortuous capillaries with variably shaped apertures[J]. Langmuir,2014,30(18): 5142-5151.

[145] CAI J C,GUO S L,YOU L J. Fractal analysis of spontaneous imbibition mechanism in fractured-porous dual media reservoir[J]. Acta Physica Sinica,2013,62(1): 220-224.

[146] 蔡建超,赵春明,谭吕,等. 低渗储层多孔介质渗吸系数的分形分析[J]. 地质科技情报,2011,30(5): 54-59.

[147] PATEL K K,MEHTA M N,SINGH T R. A homotopy series solution to a nonlinear partial differential equation arising from a mathematical model of the counter-current imbibition phenomenon in a heterogeneous porous medium[J]. European Journal of Mechanics,2016,60(60): 119-126.

[148] WANG J G,HU B,WU D,et al. A multiscale fractal transport model with multilayer sorption and effective porosity effects[J]. Transport in Porous Media,2019,129: 25-51.

[149] SHEN G L,SU Y L,WANG W. A new fractal approach for describing induced-fracture porosity/permeability/compressibility in stimulated unconventional reservoirs[J]. Journal of Petroleum Science and Engineering,2019,179: 855-866.

[150] ANDERSEN P Ø. A simplified modelling approach for petroleum recovery by spontaneous imbibition in naturally fractured reservoirs[J]. Journal of Natural Gas Science and Engineering,2019,63: 95-114.

[151] 张红玲. 裂缝性油藏中的渗吸作用及其影响因素研究[J]. 油气地质与采收率,1999,6(2): 44-48.

[152] 殷代印,翟云芳,张雁. 裂缝性砂岩油藏周期注水数学模型及注水效果的影响因素[J]. 大庆石油学院学报,2000,24(1): 88-90.

[153] 计秉玉,陈剑,周锡生,等. 裂缝性低渗透油层渗吸作用的数学模型[J]. 清华大学学报(自然科学版),2002,42(6): 711-713,726.

[154] 殷代印,蒲辉,吴应湘. 低渗透裂缝油藏渗吸法采油数值模拟理论研究[J]. 水动力学研究与进展,2004,19(4): 440-445.

[155] 杨正明. 低渗透油藏渗流机理及其应用[D]. 廊坊: 中国科学院研究生院(渗流流体力学研究所),2005.

[156] 孟庆帮,刘慧卿,王敬. 天然裂缝性油藏渗吸规律[J]. 断块油气田,2014,21(3): 330-334.

[157] 杨元明,李治平,赖枫鹏,等. 低渗透裂缝性油藏水驱油渗吸窜流指数研究[J]. 科学技术与工程,2014,14(26): 37-40.

[158] 陈元千. 对 Aronofsky 渗吸驱油机理经验模型的推导[J]. 断块油气田,2015,22(6): 773-775.

[159] 徐中一,程林松,曹仁义,等. 基于裂缝性致密储层关键渗流参数的逆向渗吸速度计算[J]. 地球科学,2017,42(8): 1431-1440.

[160] 刘化普,刘慧卿,王敬,等. 裂缝性潜山油藏分形迂曲二叉树模型渗吸机理[J]. 断块油气田,2017,24(3): 368-372.

[161] 李帅,丁云宏,吕焕军,等. 一维两相同向渗吸模型的求解方法[J]. 断块油气田,2017,24(1): 56-59.

[162] 吴润桐,杨胜来,谢建勇,等. 致密油气储层基质岩心静态渗吸实验及机理[J]. 油气地质与采收率,2017,24(3): 98-104.

[163] 吴忠宝，曾倩，李锦，等. 体积改造油藏注水吞吐有效补充地层能量开发的新方式[J]. 油气地质与采收率，2017，24(5)：78-83.

[164] ASSAD J M, TATHAM R H, MCDONALD J A, et al. A physical model study of scattering of waves by aligned cracks: comparison between experiment and theory[J]. Geophysical Prospecting, 1993, 41(3): 323-339.

[165] ASSAD J M, MCDONALD J A, TATHAM R H, et al. Elastic wave propagation in a medium containing oriented inclusions with a changing aspect ratio: a physical model study[J]. Geophysical Journal of the Royal Astronomical Society, 1996, 125(1): 163-172.

[166] RATHORE J S, FJAER R M, HOLT L. P-and S-wave anisotropy of a synthetic sandstone with controlled crack geometry[J]. Geophysical Prospecting, 2010, 43(6): 711-728.

[167] TILLOTSON P, SOTHCOTT J, BEST A I, et al. Experimental verification of the fracture density and shear-wave splitting relationship using synthetic silica cemented sandstones with a controlled fracture geometry[J]. Geophysical Prospecting, 2012, 60(3): 516-525.

[168] KELVIN A, BEST A I, JEREMY S, et al. Water saturation effects on elastic wave attenuation in porous rocks with aligned fractures[J]. Geophysical Journal International, 2014, 2: 943-947.

[169] SANTOS L K, FIGUEIREDO J S, MACEDO D L, et al. A new way to construct synthetic porous fractured medium[J]. Journal of Petroleum Science and Engineering, 2017, 156: 763-768.

[170] HASSAN S. Analysis scaling and simulation of counter current imbibition[D]. London: London Imperial College, 2004.

[171] 冯其红，赵蕴昌，王森，等. 基于相场方法的孔隙尺度油水两相流体流动模拟[J]. 计算物理，2020，37(4)：439-447.

[172] WANG J, LIU H, XIA J, et al. Mechanism simulation of oil displacement by imbibition in fractured reservoirs[J]. Petroleum Exploration and Development, 2017, 44(5): 805-814.

[173] ZHENG J, CHEN Z, XIE C, et al. Characterization of spontaneous imbibition dynamics in irregular channels by mesoscopic modeling[J]. Computers & Fluids, 2018, 168: 21-31.

[174] SHEN Y, LI C, GE H, et al. Spontaneous imbibition in asymmetric branch-like throat structures in unconventional reservoirs[J]. Journal of Natural Gas Science and Engineering, 2017, 44: 328-337.

[175] 陈阳，韩大伟，卢祥国，等. 缝网压裂裂缝形态对低渗油藏渗吸采油效果影响实验[J]. 大庆石油地质与开发，2017，36(4)：123-127.

[176] 王希刚，宋学峰，姜宝益，等. 低渗透裂缝性油藏渗吸数值模拟研究[J]. 科学技术与工程，2013，13(7)：1952-1956.

[177] BAGHERINEZHAD A, PISHVAIE M R. A new approach to counter-current spontaneous imbibition simulation using green element method[J]. Journal of Petroleum Science and Engineering, 2014, 119(5): 163-168.

[178] AL-HUTHALI A, DATTA-GUPTA A. Streamline simulation of counter-current imbibition in naturally fractured reservoirs[J]. Journal of Petroleum Science and Engineering, 2004, 43(3): 271-300.

[179] BEHBAHANI H S,DONATO G D,BLUNT M J. Simulation of counter-current imbibition in water-wet fractured reservoirs[J]. Journal of Petroleum Science and Engineering,2006,50(1):21-39.

[180] PATEL H S,MEHER R. Simulation of counter-current imbibition phenomenon with corey's model in double phase flow through heterogeneous porous medium with capillary pressure[J]. Ain Shams Engineering Journal,2017,17:1-14.

[181] SEDAGHAT M H,AZIZMOHAMMADI S,MATTHÄI S K. Numerical investigation of fracture-control rock matrix ensemble saturation functions and their dependence on wettability[J]. Journal of Petroleum Science and Engineering,2017,159:869-888.

[182] 张占女,孟智强,朱志强,等.JZS油田裂缝性潜山油藏基质驱油效率研究[J].特种油气藏,2017,24(4):101-105.

[183] 宋睿.基于微尺度重建模型的岩石热-流-固耦合细观机理研究[D].成都:西南石油大学,2016.

[184] MANDELBROT B B. How long is the coast of Britaina-statistical self similarity and fractional dimension[J]. Science,1967,156(3775):636-638.

[185] YANG S S,YU B M,ZOU M Q,et al. A fractal analysis of laminar flow resistance in roughened microchannels[J]. International Journal of Heat and Mass Transfer,2014,77(4):208-217.

[186] MO S Y,HE S L,LEI G,et al. Effect of the drawdown pressure on the relative permeability in tight gas:a theoretical and experimental study[J]. Journal of Natural Gas Science and Engineering,2015,24:264-271.

[187] TIAN X F,CHENG L S,YAN Y Q,et al. An improved solution to estimate relative permeability in tight oil reservoirs[J]. Journal of Petroleum Exploration and Production Technology,2015,5(3):305-314.

[188] YU B M,LI J H. Some fractal characters of porous media[J]. Fractals,2001,9(3):365-372.

[189] XIA Y X,CAI J C,WEI W,et al. A new method for calculating fractal dimensions of porous media based on pore size distribution[J]. Fractals,2018,26(1):1850006.

[190] HU B W,WANG J G,WU D,et al. Impacts of zone fractal properties on shale gas productivity of a multiple fractured horizontal well[J]. Fractals,2019,27(2):1950006.

[191] MANDELBROT B B. The fractal geometry of nature [M]. New York:W. H. Freeman and Company,1982:460.

[192] YU B M,CHENG P. A fractal permeability model for bi-dispersed porous media[J]. International Journal of Heat and Mass Transfer,2002,45 (14):2983-2993.

[193] CAI J C,HU X Y,STANDNES D C,et al. An analytical model for spontaneous imbibition in fractal porous media including gravity[J]. Colloids and Surfaces A:Physicochemical and Engineering Aspects,2012,414:228-233.

[194] WANG F Y,LIU Z C,CAI J C,et al. A fractal model for low-velocity non-Darcy flow in tight oil reservoirs considering boundary-layer effect[J]. Fractals,2018,26(5):1850077.

[195] WASHBURN E W. The dynamics of capillary flow[J]. Physical Review Journals Archive,1921,17(3):273-283.

[196] BACKEBERG N R,IACOVIELLO F,RITTNER M,et al. Quantifying the anisotropy

and tortuosity of permeable pathways in clay-rich mudstones using models based on X-ray tomography[J]. Scientific Reports,2017,7(1): 14838.

[197] SHI Y,YASSIN M R,DEHGHANPOUR H. A modified model for spontaneous imbibition of wetting phase into fractal porous media[J]. Colloids and Surfaces A: Physicochemical and Engineering Aspects,2018,543: 64-75.

[198] WANG G,SHEN J N,LIU S M,et al. Three-dimensional modeling and analysis of macro-pore structure of coal using combined X-ray CT imaging and fractal theory[J]. International Journal of Rock Mechanics and Mining Sciences,2019,123: 104082.

[199] WANG G,QIN X J,SHEN J N,et al. Quantitative analysis of microscopic structure and gas seepage characteristics of low-rank coal based on CT three-dimensional reconstruction of CT images and fractal theory[J]. Fuel,2019,256: 11590.

[200] LI Z X. Experimental study on flow characteristics of liquid in circular microtubes[J]. Microscale Thermophys Engineering,2003,7(3): 253-265.

[201] PFUND D,RECTOR D,SHEKARRIZ A,et al. Pressure drop measurements in a microchannel[J]. Aiche Journal,2000,46(8): 1496-1507.

[202] AMIRI H A A,HAMOUDA A A. Evaluation of level set and phase field methods in modeling two phase flow with viscosity contrast through dual-permeability porous medium[J]. International Journal of Multiphase Flow,2013,52: 22-34.

[203] FICHOT F,MEEKUNNASOMBAT P,BELLONI J,et al. Two-phase flows in porous media: Prediction of pressure drops using a diffuse interface mathematical description [J]. Nuclear Engineering and Design,2007,237(15-17): 1887-1898.

[204] 罗良. 非对称分叉网络及分形多孔介质流动特性研究[D]. 武汉: 华中科技大学,2010.

[205] 宋睿,刘建军,崔梦梦. 岩石微尺度模型重建及其热-流-固耦合细观机理研究[M]. 北京: 科学出版社,2017.

[206] BAI F,HE X,YANG X,et al. Three dimensional phase-field investigation of droplet formation in microfluidic flow focusing devices with experimental validation [J]. International Journal of Multiphase Flow,2017,93: 130-141.

[207] 颜子敏. 结合相场法的热-力-扩散耦合理论研究[D]. 重庆: 重庆大学,2018.

[208] 谢昊君. 考虑充填介质的缝洞型油藏剩余油形成机理研究[D]. 青岛: 中国石油大学(华东),2017.

[209] 高博. 基于油水界面追踪的缝洞型油藏数值模拟研究[D]. 青岛: 中国石油大学(华东),2016.

[210] 徐刚. 相场理论在稠油热采驱替过程中的应用[D]. 青岛: 中国石油大学(华东),2016.

[211] LIU Q,LI J L. LIANG B,et al. Complex wettability behavior triggering mechanism on imbibition: A model construction and comparative study based on analysis at multiple scales[J]. Energy,2023,275: 127434.

[212] SUN W J,LI J L,LIU Q,et al. Complexity upgrade and triggering mechanism of mixed-wettability: Comparative study of CO_2 displacement in different phases [J]. Fuel,2024,369: 131798.